KB124131

우리들의
발리
여행

우리들의 발리 여행

발행일 초판 1쇄 2023년 9월 25일
개정 1판 2쇄 2024년 11월 15일

지은이 임현지
기획·편집 신미경 / **교정교열** 박성숙
디자인·일러스트 이응셋 이예연
마케팅 블랙타이거
인쇄 미래피앤피 / **용지** 월드페이퍼
도움 주신 분 주인도네시아 대한민국대사관, 김정숙, 송지영, 양진혁, 이슬예나, 이승현, Angela, Gemma, Sophie Yu

펴낸이 신미경
펴낸곳 노트앤노트
등록 2022년 2월 14일 제2022-000052호
주소 서울시 마포구 양화로8길 17-28 270호
이메일 admin@noteandknot.com
인스타그램 @noteandknot
팟빵 노트앤노트앤모어

ISBN 979-11-978804-6-9 14980
979-11-978804-2-1 14980(set)

우리들의
발리
여행

쉽고 새로운 여행의 시작

임현지 지음

note & knot

Ubud
우붓

몸과 마음이 건강해지는
요가와 채식의 성지

Kuta
꾸따

누구나 서퍼가 될 수 있는

잔잔한 바다

Seminyak

스미냑

번화가에서 즐기는
브런치와 쇼핑

Canggu
짱구

**디지털 노마드는
바다로 퇴근!**

Uluwatu

울루와뚜

기암절벽에서 만나는
자연의 경이로움

Sanur
사누르

조용한 해변 마을
산책 한 바퀴

Nusa Dua
누사두아

프라이빗하게
리조트에서 휴양을

Jimbaran & Nusa Penida

짐바란 & 누사페니다

새롭게 떠나는
작은 여행들

몸과 마음의 균형을 찾는 여행

처음 발리를 여행했던 것이 엊그제 같은데 어느덧 10년이 훌쩍 지났습니다.
'십 년이면 강산도 변한다'는 말이 있듯이 발리는 천혜의 자연, 풍부한 문화유산
등을 기반으로 급속도로 발전해왔고, 저 또한 발리 가이드북을 집필하며
이곳을 더욱 사랑하게 되었습니다.
발리는 그곳을 다녀온 수많은 여행자가 칭찬을 아끼지 않는 곳입니다.
그들은 발리에서 돌아와 짐을 풀면서 또다시 발리 여행을 계획하기도 하고,
서핑과 요가, 명상에 빠져 장기 체류를 하는가 하면, 발리에서 생활하며
원격 근무를 하기도 하죠. 저 역시 요가 티칭 트레이닝을 위해 발리에서 한 달
살기를 하기도 했어요. 도대체 발리의 어떤 모습 때문에 저를 비롯한 많은 사람이
사랑에 빠지게 된 걸까요?
인도네시아는 국민 대부분이 무슬림인 세계 최대 이슬람 국가지만 발리는
힌두교를 신봉하는 독특한 종교 문화를 가지고 있습니다. 발리인들에게 종교는
자연에 순응하고 자신의 삶에 만족하는 삶의 태도이자 발리 예술의 근원이라
할 수 있지요. 매일 아침 꽃과 밥, 반찬을 신에게 공양하면서 하루를 여는 일은
발리인들의 자연스러운 일상입니다. 그들을 통해 '나는 과연 어떠한 태도로
삶을 바라보고 있는가'에 대해 생각해보게 되었습니다.
천혜의 자연 역시 여행자가 발리에 오래 머무는 이유입니다. 저는 발리의
해변에서 서핑을, 숲에서 요가를 하면서 몸과 마음의 균형을 찾고 내면에
고요함을 채우는 일이 생각보다 어렵지 않다는 것을 알게 되었습니다. 우리의
삶이 자연과 깊이 연결되어 있음을 깨닫게 된 거죠.
온화한 기후, 맛있는 음식, 개성 있고 아기자기한 숙소와 가게들 그리고 합리적인
물가는 여행자를 다시 발리로 향하게 합니다. 여행은 누구와 함께하는지도
중요하지만 이곳, '신들의 섬' 발리에서만큼은 혼자여도 괜찮습니다.

또 한 번의 발리 여행을 계획하며,
임현지

명상 또는 요가로 하루를 시작하기

우리는 자신도 모르게 매일 긴장하며 살아간다. 일상의 긴장감이
누적되어 몸과 마음에 이상 신호가 왔을 때, '아, 여행을 떠나야 할
때다'라고 생각할지도 모른다. 설렘도 잠시, 낯선 여행지에선
또 다른 긴장감이 동반된다. 하지만 '휴식과 요가의 성지, 발리'에서라면
문제없다. 숙소의 창문을 열자마자 사이를 비집고 들어오는 새소리를
들으며 명상에 잠겨보고, 요가 클래스를 찾아 사람들과 서로의 에너지를
공유해보는 것도 좋겠다.

건강한 음식 즐기기

발리는 곳곳에 비건 레스토랑이 있다. 우붓에 요가인들이 모여들면서
건강한 식문화가 형성됐고, 자연스레 비건 레스토랑이 늘어났다. 먹는
음식에 따라 그날의 몸 컨디션이 좌우되는 경험은 누구나 해봤을 터.
여행 중에는 삼시 세끼를 밖에서 해결하니 오히려 건강한 식생활을
실천하기가 쉬울지 모른다. 특히 '비건의 천국' 발리에서라면
분명 가능하다.

새로운 것에 도전하기

천혜의 자연환경을 갖춘 발리는 새로운 모험을 하기에도 좋은 곳이다.
서핑부터 래프팅, 스노클링, 스쿠버다이빙, 트래킹까지 다양한
액티비티를 즐길 수 있다. 발리에서의 서핑은 파도를 기다리는
인내심을, 다이빙은 신비로운 바다 세계를 탐험하는 기쁨을 가르쳐준다.
초보자여도 상관없다. 그저 즐길 마음이면 충분하다.

SNS를 잠시 Off로 해놓기

여행에서 SNS는 구글 맵스만큼 중요하다. '살아 있는 정보'가 가득해 여행지 관련
키워드를 검색해서 핫스폿을 찾아내는 데 유용하기 때문이다. 하지만 가끔은
SNS에서 해방되어 온전히 여행에 빠져보면 어떨까? 이번 발리 여행은 오롯이 나와
우리를 위한 여행임을 기억하자.

계획 없이 걷기

누군가 "발리 여행 잘하는 법"을 물어온다면 "발리는 계획이 필요 없는 여행지"라고
대답할 것이다. 목적 없이 골목 구석구석을 걷다 보면 몸과 마음이 가벼워진다.
걷다가 우연히 만난 식당에서 맛있는 한 끼를, 커피 한잔의 여유를, 또 운이 좋으면
아기자기한 숍에서 발리 분위기가 물씬 나는 기념품을 만날 수도 있다.
우연이 만들어낸 소소한 즐거움을 누려보자.

해변에서 무념무상

발리의 시간은 여행자 누구에게나 평등하다. 그리고 어느 여행지보다 천천히,
느리게 흐른다. 섬의 사면이 바다로 둘러싸인 발리를 여행한다면 바다를 마주할
때마다 호젓한 여유를 가져보는 건 어떨까. 눈이 머무는 곳마다 아름다운 발리
바다가 일렁인다.

일회용 쓰레기 만들지 않기

평소 친환경적, 필(必)환경적 삶에 관심이 많은 사람이라면
'여행 중 무분별한 일회용품 사용을 줄이기 위해 무엇을 할 수 있을까?'를
고민할지도 모르겠다. 해양 오염으로 골치를 썩고 있는 발리는 2018년부터
일회용 플라스틱 사용을 제한하고 있다. 발리로 떠나기 전 캐리어에 페트병 생수,
일회용 컵을 대신할 보온병과 텀블러를 함께 챙겨보자.
휴지와 물티슈 대신 손수건을 사용하는 것도 한 방법이다.

Perfect Guide

『우리들의 발리 여행』을 읽는 방법

여행 가이드북에는 일러두기가 있기 마련이다.
어떤 기준으로 책을 만들었는지
알리기 위해서지만, 잘 살펴보면 여행지의
특성을 반영한 요소가 꽤나 많다. 일러두기는
가이드북을 읽는 방법일 뿐만 아니라 여행지를
이해하는 열쇠이기도 하다.

스폿 분류

- ◉ 관광
- ✳ 체험
- ✕ 미식
- 🛍 쇼핑
- ○ 숙소

미식 상세 분류

- 🍜 인도네시안 요리
- 🥢 아시안 요리
- 🌐 인터내셔널 요리
- 🍕 이탈리언 요리
- ✿ 한식
- 🥗 채식
- ☕ 카페
- 🍸 바/펍
- 🏖 비치 클럽

스폿 정보

- 📍 주소
- 🚶 찾아가는 법
- 🕐 운영 시간
- ⊗ 휴무일
- 💰 요금 및 가격
- ✈ 홈페이지
- 📞 왓츠앱 전화번호
- 📷 인스타그램
- G 구글 맵스 검색어
- 🗓 예약

신타 와룽 Shinta Warung ①

여유롭게 식사에 집중하는 시간

② Food & Drink 07 ✕ ◉

③

꾸따 중심지에서 떨어져 있지만 1995년에 오픈한 이래 많은 여행자에게 사랑받아 온 곳이다. 이곳을 찾는 손님들은 최대한 느긋이 식사를 즐기는 편인데, 인도네시아 가정집 같은 아늑한 분위기가 한몫한다. 그래서일까, 이곳에서는 시간이 천천히 흐른다. 날씨가 좋은 날은 야외 자리를 추천. 볶음 국수 미고렝은 짠 편이지만 빈탕 맥주와 환상의 조합을 이룬다.

📍 Jl. Kartika Plaza, Gg.Puspa Ayu, Kec. Kuta, Kabupaten Badung, Bali 80361 🚶 꾸따 비치에서 도보 약 20분. 워터봄 발리 근처 🕐 13:00~22:00 ④ ⊗ 연중무휴 💰 미고렝(Mie Goreng) 35,000Rp, 빈탕(Bintang) 맥주 30,000Rp 📷 shintawarung

❶ 인도네시아어 표기
· 인도네시아어의 한글 표기는 국립국어원 외래어 표기법에 따르되 꾸따, 울루와뚜처럼 관용적으로 사용하는 표기나 현지 발음과 동떨어진 경우에는 예외를 두었다.

❷ 스폿 분류와 지도 연동
· 지역별 테마 & 추천 스폿은 관광(Sightseeing), 체험 (Experience), 미식(Food & Drink), 쇼핑(Shopping), 총 4가지로 분류해 소개한 순서대로 번호를 붙였다. 'Sightseeing 01' 스폿은 지도에서 'SS01', 'Experience 01' 스폿은 'E01', 'Food & Drink 01' 스폿은 'F01', 'Shopping 01' 스폿은 'S01' 표기를 확인하면 쉽게 찾을 수 있다.

❸ 미식 스폿 분류
· 미식 스폿별로 인도네시안 요리, 아시안 요리, 인터내셔널 요리, 이탤리언 요리, 한식, 채식, 카페, 바/펍, 비치 클럽 아이콘도 함께 표시했다. 이 책은 인도네시안 음식점부터 비치 클럽까지 총 133곳의 발리 미식 스폿을 두루 소개한다.

❹ 운영 시간과 휴무일
· 운영 시간은 홈페이지를 기준으로 표기하되, 운영 정보가 여러 개인 경우 저자가 직접 해당 스폿에 확인한 내용을 기입했다.
· 휴무일은 정기휴일을 기준으로 작성했다.

❺ 요금과 가격
· 현지 통화인 루피아가 아닌 달러를 받는 곳은 달러로 요금이나 가격 정보를 표기했다.
· 발리의 레스토랑과 카페, 비치 클럽 등에선 음식값에 서비스 차지와 택스를 붙이는 곳이 적지 않다. 이 책에서 따로 서비스 차지와 택스를 표기하지 않은 곳은 이미 음식값에 포함되어 있거나 부과하지 않는 곳이다.

❻ 구글 맵스 검색어
· 구글 맵스에서 '스폿의 영문 표기+지역명+지점명' 까지 넣어 검색했지만 위치를 찾을 수 없는 스폿의 경우 따로 검색어를 표기했다.

❼ 홈페이지와 왓츠앱 전화번호
· 발리의 유명 요가원과 코워킹 스페이스는 홈페이지를 통해 요금 안내 및 예약을 진행한다. 요가원의 경우 수업 시간표도 확인할 수 있다.
· 발리의 레스토랑, 카페, 상점, 요가원, 서핑 스쿨, 현지 여행사, 액티비티 업체 등에선 모바일 메신저 왓츠앱으로 예약과 문의를 받기도 한다.

❽ 이 책의 정보
· 이 책은 2024년 10월까지 수집한 정보를 기준으로 하며, 변화가 빠른 발리 현지 사정에 따라 정보가 수시로 변경될 수 있다.

🛍 Shopping 08
선샤인 앤 미 Sunshine & Me
지갑이 열리는 홈메이드 소품 천국

로컬 장인이 만든 보헤미안 스타일의 수공예품, 홈데코 용품을 판매한다. 소담한 공간에 도자기 그릇부터 나무 도마, 라탄 바구니, 나무 빨대, 티코스터 등 구매욕을 자극하는 제품이 넘쳐난다. 발리 현지의 질 좋은 식료품을 합리적인 가격으로 취급하는 짱구 숍(Canggu Shop)과 내부에서 연결된다.

📍 Jl. Pantai Butu Bolong No.23A, Canggu, Kec. Kuta Utara, Kabupaten Badung, Bali 80361 🚶 에코 비치에서 차로 약 7분 🕐 08:00~19:00 ❌ 연중무휴
❺ 🥤 나무 빨대 15,000Rp, 티코스터 40,000Rp 📷 sunshine.and.me.bali
G 짱구 숍(Canggu Shop)으로 검색

Contents
차례

Part 01
우리가 발리에 가야 하는 이유

Part 02

우리들의 첫 번째 여행지,
우붓

Part 03

우리들의 두 번째 여행지,
꾸따

Contents
차례

우리가
발리에 가야 하는
이유

서퍼가
발리를 찾는 이유

서핑 선수 양진혁

y__jinhyuk

나에게 발리는 훈련장이자 천국 같은 곳이다. 365일 끊이지 않는
질 좋은 파도와 따뜻한 날씨는 항상 나를 바다로 이끈다. 세계적인
서핑 포인트로 유명한 발리는 "나 서핑 좀 한다" 하는 서퍼들이 모이는
만남의 광장이다. 가장 기억에 남고 좋아하는 발리의 서핑 포인트는
파당파당 비치(Padang Padang Beach), 케라마스 비치(Keramas Beach)로
서퍼들의 꿈이자 로망인 파도 동굴, 즉 어마어마한 '배럴'이 들어오는
포인트다. 물론 큰 위험도 따른다. 서프보드에서 일어나는 동작인
'테이크 오프' 후 떨어지는 배럴 안에 있을 때면 온몸의 세포가 파도를
타고 있다는 걸 느낄 정도로 파도의 힘이 강하다. 부서지는 파도 소리와
함께 배럴 속에서 바라보는 풍경은 내가 살아 있음을 느끼게 해준다.

Interview 02

요가 수련자가
발리에 머무는 이유

요가인 안젤라

bakawoman

요가 수련자에게 발리는 더위와 습기에 부드러워진 육신의 능력치를
맘껏 뽐낼 수 있는 곳이다. 투어 코스가 되어버린 대형 요가원부터
고수의 분위기를 풍기는 로컬 방구석 요가원까지 취향대로 나의
몸과 마음을 맡겨볼 수 있다. 마음만은 세계 최고의 요기니(Yogini)와
요기(Yogi)지만 현실은 각기 춤을 추는 로봇이어도 상처받지 않는
너그러운 곳이 발리의 요가원이다. '아무렴 다 괜찮아. 발리 와서
요가 했잖아.' 수련 후 마음속으로 찾아온 말은 위로가 되어주기에
충분하다. 스쿠터를 타고 꽉 막힌 도로를 지나 존재하지 않을 법한
정글을 만나거나 때때로 생각나는 3000원짜리 요리들은 발리가 주는
덤. 작아지고 공허해진 마음을 채우러 발리로 가는 발걸음은 한동안
계속될 것 같다.

우리가 발리의 동네를
사랑하게 된 이유

직장인 송지영, 이승현

여행에서 돌아온 지금 우리에게 가장 기억나는 발리는 눈이 시리게
푸르른 우붓의 논밭도, 서퍼들의 '바이브'가 가득한 짱구도 아닌,
노을이 사르르 퍼지던 사누르 해변이다. 도로 사정 탓에 이동 내내
종종거렸던 발걸음은 사누르 해변을 따라 끝없이 펼쳐진 비치워크에
다다라서야 비로소 편해졌다. 왠지 모를 고상함이 감도는 이 동네를
걷다 보면 서울의 연희동이 떠오른다. "은퇴한 서양 어르신들의
낙원"으로 알려져 있던 이곳은 사누르 항구를 통해 누사페니다 같은
인근 섬으로 향하는 관광객과 다이버들의 입소문을 타고 있다. 여유
있는 동네라 그런지 맛집도 많고, 저렴한 숙소도 생각보다 많다.
고즈넉한 동네 위로 물드는 노을을 보러 다시 떠나고 싶다, 발리!

How to Reach Bali

발리까지는 얼마나 걸릴까

중국
China

Incheon
인천

대한민국
Republic of
Korea

일본
Japan

인천국제공항
Incheon International Airport

7 hours
직항, 약 7시간

베트남
Vietnam

인도네시아
Indonesia

파푸아
Papua

자카르타
Jakarta

시차
한국과 동일

시차
한국 -2시간

Bali
발리

응우라라이 국제공항
Ngurah Rai International Airport

시차
한국 -1시간

수마트라섬, 자바섬, 술라웨시섬, 보르네오섬 등 1만 7000개가 넘는 섬으로 구성되어 있는 인도네시아에서 발리는 소순도 열도에 속한다. 면적은 5780km²로 제주도의 약 3배. 발리의 주도는 덴파사르(Denpasar)이며, 인구는 약 434만 4554명(2023년 기준)이다. 인도네시아어가 공용어지만 발리어도 사용한다.

인도네시아 기본 정보

국가명 : 인도네시아공화국(Republic of Indonesia)

수도 : 자카르타(Jakarta)

위치 : 태평양과 인도양이 만나는 적도상에 위치

면적 : 191만 6820km²(한반도의 약 9배)

인구 : 2억 7753만 4122명(세계 4위)

언어 : 인도네시아어(총 700종의 지방어 및 사투리)

종교 : 이슬람교 87%, 개신교 7%, 천주교 3%, 힌두교 2%, 불교 1%

섬 개수 : 약 1만 7500개

통화 단위 : 루피아(Rp)

전압 : 220V

전화번호 : 인도네시아 국가 번호 +62, 발리 지역 번호 361

비자 : 도착 비자(Visa On Arrival)를 발급받아야 하며, 30일까지 체류 가능하다.(1회 30일 연장 가능.)

민족 : 자바족, 순다족, 그 밖에 마두라족, 바딱족, 아체족, 발리족 등 1300여 종족이 있다.

발리는 언제 가야 할까

'누구와 함께 가는가'만큼이나 중요한 것이
'언제 떠나는가'이다. 날씨 역시 여행의 만족도를
좌우하기 때문이다. 같은 여행지를 찾더라도 맑은
날과 비 내리는 날의 풍경은 다르기에 여행의 적기를
알면 기분 좋은 여행을 할 수 있다. 하지만 누군가는
경험하지 못한 풍경을 찾아 새로운 계절에
다시 발리로 떠나기도 한다.

Tips 옷차림과 준비물.
짧은 소매의 옷과 선크림, 선글라스, 모자는
필수. 맑은 날씨에 갑자기 짧은 시간 스콜성
소나기가 내리거나 소나기보다 더 강한
강도로 긴 시간 비가 내릴 때를 대비해 우산과
우비 모두 준비하는 것이 좋다. 강한 햇살에
화상을 입기도 하고 비가 내린 후에는 쌀쌀할
수 있으니 긴소매의 옷도 챙기자.

* 출처 : (기온) AccuWeather, (강수량) weather & climate

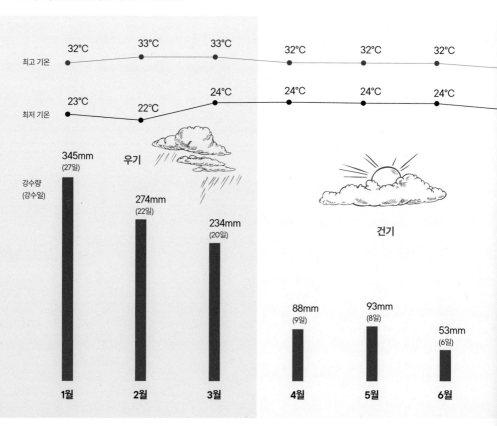

건기 4~10월

발리는 연평균 기온이 28~29℃ 정도로 1년 내내 고온다습한 열대성 기후를 띤다. 건기와 우기가 뚜렷한 편이며 지역마다 다른 양상을 보이기도 한다. 건기는 4월부터 10월까지로, 비가 적게 내리고 아침저녁에는 날씨가 선선하다. 특히 강수량이 적은 7~8월은 여행하기에 최적의 시기지만 항공권과 호텔 가격은 상당히 높아진다. 6월과 9월은 비가 많이 내리지 않으며 성수기보다 혼잡함도 덜해 여유로운 휴가를 보내기 좋다.

우기 11~3월

우기는 11월에서 3월 사이이며, 건기보다 더운 편이다. 하루 종일 비가 내리지는 않지만 급작스럽게 짧은 시간 동안 많은 비가 쏟아진다. 특히 1월부터 3월까지는 한 달에 20일 이상 비가 내리는 데다 기온과 습도도 높기 때문에 외부 활동을 하기에는 불편할 수 있다. 성수기인 건기에 비해 항공과 숙소 비용의 부담은 덜한 편이다.

Tips 2025년 인도네시아 공휴일

· **1월** 1일 신년, 27일 무함마드 승천일, 28~29일 음력 새해 연휴(음력 새해 29일)
· **3월** 28~29일 힌두 신년 연휴(힌두 신년 29일),
· **3월** 31일~4월 7일 르바란 연휴
· **4월** 18일 성금요일, 20일 부활절
· **5월** 1일 노동절, 12~13일 석가탄신일 연휴 (석가탄신일 12일), 29~30일 예수 승천일 연휴 (예수 승천일 29일)
· **6월** 1일 인도네시아 건국 기념일, 6~9일 이슬람 희생제 연휴(이슬람 희생제 6일), 27일 이슬람 신년
· **8월** 17일 독립기념일
· **9월** 5일 무함마드 탄신일
· **12월** 25~26일 성탄절 연휴(성탄절 25일)

* 출처 : 자카르타경제신문(PAGI.co.id)

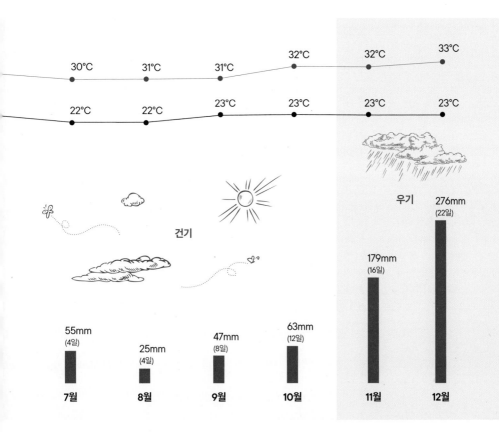

발리에선 어디를 갈까

발리는 면적이 제주도의 약 3배인 만큼 여행할 지역도 많다.
우선 여행자가 많이 찾는 주요 지역을 한눈에 파악해보자.

우붓
발리 중부 내륙에 위치하며, 발리의 대표 여행 지역 중 바다를
볼 수 없는 곳이다. 대신 진한 초록빛의 논밭과 열대우림의
풍경이 끝없이 펼쳐진다. 우붓은 발리의 예술과 문화의
중심지이자 '요가'와 '채식'의 성지로, 여행자들의 발길이
끊이지 않는 곳이다.

꾸따
응우라라이 국제공항과 가깝고 다른 지역과의 접근성도
좋은 편이다. 발리에서 가장 유명한 서핑 스폿인 꾸따 비치를
중심으로 대부분의 편의 시설이 몰려 있으며, 특히 장기
여행자를 위한 가성비 좋은 식당과 숙박 시설이 많다.

스미냑
과거 발리 유행의 중심지였던 지역. 트렌드는 빠르게
변하지만 그 속에서 여전히 자리를 지키고 있는 맛집과
숍들을 만날 수 있다. 꾸따 비치와 더불어 스미냑의
해변에서는 눈부시게 아름다운 석양을 감상할 수 있다.

짱구
현재 발리에서 가장 핫한 동네. 전 세계에서 서퍼와 디지털
노마드가 모여들면서 힙하고 트렌디한 레스토랑과 카페,
비치 클럽이 생겨나기 시작했다. 늘 활기가 넘친다.

울루와뚜
발리 남쪽에 위치하며, 거칠고 높은 파도가 쳐서 상급
서퍼들의 서핑 명소로 알려져 있다. 서핑을 즐기지 않아도
아름다운 해변과 신비로운 기암절벽을 구경하러
가는 여행자도 많다.

Ubud
우붓

Canggu
짱구

Seminyak
스미냑

Sanur
사누르

Kuta
꾸따

Jimbaran
짐바란

Nusa Dua
누사두아

Uluwatu
울루와뚜

Tips 주요 지역 간 차량 이동 시간
· 꾸따-우붓 🚗 약 50분~1시간 30분
· 꾸따-스미냑 🚗 약 15~20분
· 스미냑-짱구 🚗 약 30~50분
· 꾸따-짐바란 🚗 약 30~40분
· 짐바란-울루와뚜 🚗 약 40~45분
· 꾸따-사누르 🚗 약 25~30분
· 꾸따-누사두아 🚗 약 20~40분

사누르

발리의 동쪽 해안 지역. 한적하고 평화로운 분위기 덕분에 현지인과 관광객이 모두 사랑하는 곳이다. 사누르 비치를 따라 산책로와 자전거 도로가 형성되어 있으며 레스토랑, 카페, 호텔 등의 시설도 잘 갖추어져 있다.

누사두아

발리 정부의 주도로 조성된 관광 지역 단지. 세계적인 브랜드의 체인 리조트와 호텔들이 자리한다. 조용하게 쉬기 좋아 신혼 여행객과 가족 여행자에게 인기 있는 지역이다.

짐바란

발리의 남서쪽에 자리하고 있는 지역. 고급 호텔과 리조트가 많고 해안을 따라 시푸드 레스토랑이 늘어서 있다.

누사페니다

발리 동남쪽에 위치한 주변 섬. 사누르 항구에서 페리로 약 **45~55분** 소요되며, 다이빙과 스노클링을 즐기고자 하는 여행자들이 하루 투어로 찾곤 한다.

Nusa Penida
누사페니다

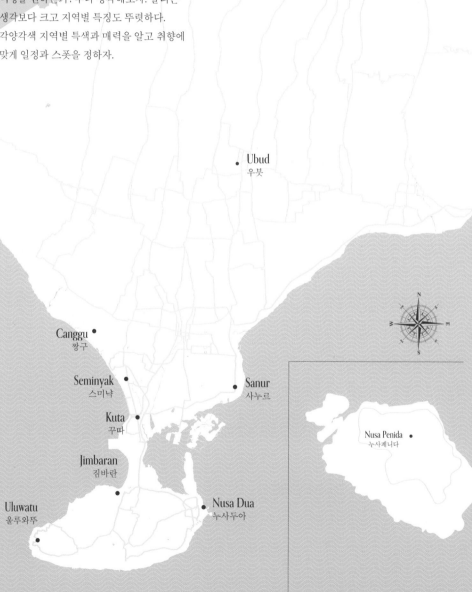

Plan Your Trip

추천 여행 코스

꿈에 그리던 발리 여행이 결정되었다. 일정을
정하기 전, '나는 과연 어떤 여행자이며 어떤
여행을 원하는가?'부터 생각해보자. 발리는
생각보다 크고 지역별 특징도 뚜렷하다.
각양각색 지역별 특색과 매력을 알고 취향에
맞게 일정과 스폿을 정하자.

Ubud
우붓

Canggu
짱구

Seminyak
스미냑

Sanur
사누르

Kuta
꾸따

Nusa Penida
누사페니다

Jimbaran
짐바란

Uluwatu
울루와뚜

Nusa Dua
누사두아

Step 01.   지역 선택하기, 나의 여행 스타일은?

리조트 & 풀빌라에서의 휴양을 원한다면 → **누사두아, 울루와뚜**
유명 관광지 여행보다는 오롯이 휴양이 목적이라면 누사두아 혹은 울루와뚜를
선택해보자. 인도네시아 정부 계획에 따라 호텔과 리조트, 쇼핑 단지 등이 조성된
누사두아는 호텔의 격전지라고도 불릴 만큼 수많은 고급 호텔과 리조트가 있으며,
울루와뚜 남부 지역 역시 세계적으로 유명한 리조트와 풀빌라가 자리한다.

자연에서의 휴식을 꿈꾼다면 → **우붓, 사누르**
발리를 소개할 때 절대 빠지지 않는 수식어가 있다. 그건 바로 "천혜의 자연".
대표적인 곳이 발리의 우붓이다. 우붓은 사람도 많고 교통 체증도 심하지만
시내에서 조금만 벗어나면 푸른 열대 우림을 마주할 수 있다. 한편 때 묻지 않은
청정한 바다를 만나고, 평화로운 분위기도 느끼고 싶다면 사누르로 향하자.
오직 발리에서만 경험할 수 있는 아름다운 자연 속 휴식을 만끽할 수 있는 곳이다.

액티비티를 즐기고 싶다면 → **꾸따, 우붓**
꾸따는 응우라라이 국제공항과 가깝고 서핑 시설도 잘 갖추어져 있을 뿐 아니라
파도도 잔잔해 서핑을 처음 접하는 이들에게 최적의 장소로 손꼽힌다. 예술인의
마을로 불리는 우붓은 크고 작은 요가원이 생겨나기 시작하면서 '누구나 쉽고 편하게
할 수 있는 요가'의 성지로 각광받고 있다. 또한 우붓에서는 트래킹, 래프팅 등의
다양한 액티비티 활동도 가능하다.

쇼핑 & 식도락 여행이 1순위라면 → **스미냑, 짱구**
핫한 레스토랑, 카페, 부티크 숍, 비치 클럽이 모여 있는 스미냑은
명실상부 발리의 트렌드 중심지다. 최근에는 짱구가 그 명성을
이어받아 쇼핑과 식도락의 허브 역할을 하고 있다.

워커홀릭 또는 디지털 노마드라면 → **짱구**
여행 중에도 일을 놓을 수 없다면 짱구로 향하자. 불과 몇 년 전만 해도
서퍼들만 찾았던 짱구에 디지털 노마드를 위한 코워킹 스페이스와
트렌디한 레스토랑, 카페, 비치 클럽이 하나둘 생겨났고, 여행자들
사이에서 힙플레이스의 성지로 주목받기 시작했다. 일과 휴양 두 마리
토끼를 모두 잡고 싶다면 짱구가 제격이다.

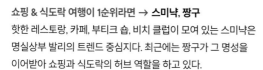

함께 여행하는 사람에 따라 항공편부터 숙소, 일정까지 모든 선택이 달라지는 것은 당연지사.
동행에 따른 추천 여행지와 일정을 소개한다.

가족, 연인과 함께라면! → 5박 6일

가족이나 커플 여행객이 선호하는 일정은 5박 6일. 한 곳에 머물기보다는
두 지역을 선택하고 체류 일정을 2박, 3박으로 나눠 숙박하는 것이
일반적이다. 또한 유명 관광지는 당일 코스로 다녀오는 경우가 많다. 아이와
함께하는 여행이라면 우붓+사누르, 우붓+누사두아, 꾸따+사누르를, 커플
여행이라면 우붓+스미냑, 우붓+울루와뚜를 추천한다. 관광과 휴양을
적절히 섞어 일정을 정해보자.

발리에서는 혼자라도 외롭지 않아요! → 일주일부터 한 달까지

혼자라면 일주일부터 한 달까지 자유로운 일정으로 여행을 계획할 수 있다.
한 지역에 거점을 두고 이곳저곳을 여행하는 것이 편하긴 하지만 자칫
지루할 수도 있다. 여행 스타일과 예산에 따라 일주일이라면 두세 지역,
한 달이라면 5일 혹은 일주일마다 지역을 옮겨 지내보길 권한다. 물가는
사누르와 꾸따가 다른 지역 대비 저렴한 편.

Tips 발리 직항 편 스케줄
인천국제공항에서 발리 응우라라이
국제공항까지는 직항 편의 경우
6시간 45분~7시간 15분 정도
소요되며, 대한항공과 가루다
인도네시아 항공, 제주항공이 운항
중이다. 직항 편은 발리에 저녁 혹은
밤늦게 도착하므로 보통 첫날은
숙소에서 잠만 자고 둘째 날부터
본격적인 여행을 시작한다.

대한항공
매일(주 7회)
인천-발리(KE633) 16:20~22:30
인천-발리(KE629) 17:40~23:55
발리-인천(KE630) 01:20~09:20
발리-인천(KE634) 23:45~익일 07:45

가루다 인도네시아 항공/대한항공 공동 운항
매일(주 7회)
인천-발리(KE5629/GA871) 11:35~18:00
발리-인천(KE5630/GA870) 01:20~09:15

제주항공
매일(주 7회)
인천-발리(7C5303) 15:40~21:50
발리-인천(7C5304) 23:05~07:10

여행의 경험은 개인의 취향 외에도 현지의 날씨, 상황 등에 따라 좌우되기 마련이다.
발리는 인기 스폿이 많아 한두 곳만 선택하기가 쉽지 않지만, 직접 방문하고 가장 만족도가
높았던 곳 위주로 추려보았다.

지역	Sightseeing	Experience	Food	Drink	Shopping
우붓	· 카젱 라이스 필드 » p.103 · 우붓 왕궁 » p.106	· 우붓 요가 하우스 » p.79 · 바투르산 일출 트래킹 투어 » p.90 · 케투츠 발리 쿠킹 클래스 » p.98	· 목사 우붓 » p.85 · 엔젤 와룽 » p.109	· 아트티 » p.112 · 스니만 커피 » p.112 · 래핑 부다 바 » p.113	· 우타마 스파이스 » p.115 · 아시타바 » p.117
꾸따	· 꾸따 비치 » p.138	· 바루서프 발리 » p.139	· 팻 차우 » p.142 · 크럼 앤 코스터 » p.144	· 아라비카 발리 » p.148 · 엑스팟 로스터스 » p.149	· 비치워크 쇼핑센터 » p.151
스미냑	· 스미냑 비치 » p.175	· 요가 108 » p.176	· 킬로 키친 발리 » p.168 · 눅 » p.169	· 리볼버 에스프레소 » p.183 · 카페 킴 수 » p.183 · 라 플란차 발리 » p.185	· 시 집시 주얼리 » p.172 · 마하나 » p.186
짱구	· 따나롯 사원 » p.203 · 에코 비치 » p.213	· 사마디 발리 » p.203 · 비 워크 발리 » p.208	· 셰이디 섀크 » p.215 · 와룽 시카 » p.218	· 라 브리사 발리 » p.205 · 크레이트 카페 » p.219	· 방갈로 리빙 발리 » p.205
울루와뚜	· 파당파당 비치 » p.235 · 울루와뚜 사원 & 케착 울루와뚜 » p.238	· 더 스페이스 발리 » p.234	· 구즈베리 레스토랑 » p.236 · 싱글 핀 발리 » p.236	· 수카 에스프레소 » p.239	· 드리프터 서프 숍 » p.237 · 더 파인드 발리 » p.237
사누르	· 사누르 비치 » p.250	· 파워 오브 나우 오아시스 » p.247	· 지니어스 카페 사누르 » p.249 · 나가 에이트 » p.251	· 데일리 바게트 » p.248	· 르못 » p.248
누사두아	· 푸자 만달라 » p.258 · 파시피카 박물관 » p.260		· 누사 바이 수카 » p.263	· 두아 카페 » p.262	· 발리 컬렉션 » p.262

The Best Beaches

해변, 아름답게 부서지는
발리의 파도

섬의 사면이 바다로 둘러싸인 발리에서 '해변'은
빼놓고 얘기할 수 없을 정도로 중요하다.
비슷한 듯하지만 각기 다른 특성을 가진 발리의
해변을 소개한다.

에코 비치 Echo Beach
짱구를 대표하는 해변 중 하나로 프로 서퍼들의
놀이터가 되는 곳이다. 일광욕과 산책을 즐기기 위해
찾는 여행자도 많은 편. »p.213
서핑 난이도 ★★★~★★★★★

바투 볼롱 비치 Batu Bolong Beach
에코 비치와 함께 짱구에서 가장 인기 있는 해변으로 물놀이와
서핑을 즐기는 사람들로 늘 인산인해를 이룬다. »p.202
서핑 난이도 ★★~★★★

브라와 비치 Berawa Beach
짱구의 다른 해변보다 덜 알려진 덕에 한적해 조용한 곳에서
휴식을 취하고 싶은 이들에게 제격이다. »p.213
서핑 난이도 ★★★~★★★★★

스미냑 비치 Seminyak Beach
스미냑의 대표 해변으로 고급 리조트와 유명 레스토랑, 카페, 바 등이
인접해 있다. 꾸따 비치보다는 한적한 편이지만 해수욕과
서핑을 즐기는 사람이 적지 않다. »p.175
서핑 난이도 ★~★★★

에코 비치 •
바투 볼롱 비치 •
브라와 비치 •

Canggu
짱구

Seminyak
스미냑

스미냑 비치 •
더블 식스 비치 •
르기안 비치 •

Kuta
꾸따

꾸따 비치 •

파당파당 비치 •
술루반 비치 •

Uluwatu
울루와뚜

우붓

Sanur
사누르

사누르 비치

Nusa Dua
누사두아

누사두아 비치

더블 식스 비치 Double Six Beach
약 500m 길이의 해안선에 야외 레스토랑과 바들이
자리한다. 파도가 부드럽고 잔잔해 해수욕,
서핑을 즐기기에 좋다. »p.176
서핑 난이도 ★~★★★

르기안 비치 Legian Beach
해변의 경계를 정확하게 가르기는 어렵지만, 꾸따 비치 북단
지점부터 시작해 약 2km에 달하는 해안선을 따라 위치한다.
해변의 풍경은 꾸따 비치와 상당히 유사한 편. »p.140
서핑 난이도 ★~★★★

꾸따 비치 Kuta Beach
꾸따를 대표하는 해변으로 남쪽으로는 응우라라이
국제공항과 인접한 투반에서부터 북쪽 르기안 지역 전까지
2.5km 정도 이어진다. 파도가 잔잔하고 모래가 고와 서핑과
물놀이를 하기에도 그만이다. »p.138
서핑 난이도 ★~★★★

파당파당 비치 Padang Padang Beach
기암절벽 사이에 자리한 작은 해변으로 영화 〈먹고 기도하고
사랑하라〉의 촬영지다. 서핑 명소로도 유명한데 파도가 꽤
높고 거칠기 때문에 상급자에게 적합하다. »p.235
서핑 난이도 ★★★★~★★★★★

술루반 비치 Sulban Beach
세계적으로 유명한 서핑 스폿으로 조류가 세고 암초가 많아
중상급 서퍼에게 추천한다. »p.235
서핑 난이도 ★★★★~★★★★★

사누르 비치 Sanur Beach
해안 도로를 따라 자전거 전용 도로와 산책로가 마련돼 있어
여유로운 시간을 보내기에도 제격이다. 해수욕은 물론 서핑,
카약 등의 해양 스포츠를 즐길 수 있다. »p.250
서핑 난이도 ★~★★★

누사두아 비치 Nusadua Beach
현지인들이 주로 찾는 공용 비치, 호텔과 리조트 투숙객만이
이용할 수 있는 프라이빗 비치로 나뉘어 있다. 인적이 드물고
한적한 편이다. »p.261
서핑 난이도 ★~★★★

음식, 발리를 이해하는 하나의 열쇠

수천 개의 섬으로 이루어진 인도네시아는 다양한 자연환경, 종교,
민족 등의 영향을 받아 지역마다 독특한 식문화를 만들어냈다.
대다수가 이슬람교도인 인도네시아의 다른 지역과 달리
힌두교인이 많은 발리에서는 돼지고기 요리도
흔히 접할 수 있다. 또한 발리는 벼농사가 중심인 사회로 쌀을
주식으로 한다. 고온 다습한 날씨에 음식이 변질되는 것을 막기
위해 튀기고 볶는 요리가 발달했으며, 마늘, 고추, 생강 등을 많이
사용해 자극적인 향신료의 맛이 특징이다.

**Tips 간단한 용어만 알아도
주문이 쉽고 편하다!**
· 밥 : 나시(Nasi)
· 면 : 미(Mie)
· 죽 : 부부르(Bubur)
· 빵 : 로티(Roti)
· 채소 : 사유르(Sayur)
· 닭고기 : 아얌(Ayam)
· 돼지고기 : 바비(Babi)
· 소고기 : 사피(Sapi)
· 오리고기 : 베벡(Bebek)
· 생선 : 이칸(Ikan)
· 튀기다/볶다 : 고렝(Goreng)
· 불에 굽다 : 바카르(Bakar)
· 섞다 : 참푸르(Campur)

나시고렝 Nasi Goreng

나시는 '밥', 고렝은 '볶는다'는 뜻으로 나시고렝은 인도네시아식
볶음밥이다. 닭고기, 돼지고기, 소고기, 새우 등의 재료에 다양한
채소와 케첩 마니스(달콤한 인도네시아식 간장 소스), 삼발 소스 등을 넣고
기름에 볶아 만든다. 발리 음식점 어디에서 먹어도 평균 이상의 맛은
한다.

미고렝 Mie Goreng

나시고렝과 함께 인도네시아를 대표하는 요리다. 달걀이 들어간
에그 누들에 육류나 해산물, 채소, 달걀 등을 넣고 케첩 마니스와
삼발 소스로 양념해서 볶는다. 달콤하면서도 짭조름해 우리
입맛에도 잘 맞는다.

나시참푸르 Nasi Campur

나시는 '밥', 참푸르는 '섞다'라는 의미로, 밥과
함께 여러 가지 반찬을 접시에 담아 먹는 음식을
뜻한다. 볶음 채소, 두부, 튀김, 고기류, 달걀 등이
반찬으로 나오는데, 원하는 반찬을 직접 고를
수 있는 식당도 있다.

바비 굴링 Babi Guling

잘게 썬 마늘, 고추, 후추 등을 코코넛 기름과 섞고 돼지의 배 안에 넣고 꿰맨
후 숯불에 구운 통돼지구이. 돼지고기를 먹지 않는 인도네시아에서 바비
굴링은 발리에서만 먹을 수 있는 음식이다. 또한 발리의 잔치나 제례에서
빠지지 않는 음식이기도 하다. 바삭한 껍질과 부드러운 속살이 일품인데,
발리 대부분의 식당에서 먹기 좋게 썬 바비 굴링을 밥과 함께 내어준다.

사테 Sate

닭고기, 돼지고기, 소고기, 양고기, 새우 등에 양념을 바르고 꼬치에
꽂아 숯불에 구운 음식이다. 땅콩 소스에 찍어 먹으면 더
맛있는데, 맥주와 찰떡궁합을 자랑한다.

렌당 Rendang

소고기에 코코넛 밀크와 마늘, 생강, 샬롯, 고추, 레몬그라스 등의
향신료를 넣어 장시간 조리한 요리로 인도네시아 수마트라섬의
대표 음식이기도 하다. 우리나라의 소갈비찜과
비슷한 맛인데, 고기가 부드럽고 연하며 밥과
함께 먹으면 더 맛있다.

박소 Bakso

박소는 생선과 육류를 동글게 말아 만든 완자로 인도네시아식 미트볼이다. 보통
국물이 있는 국수, 미 박소(Mie Bakso)에 얹어 먹는데 한 끼 식사로도 충분하다.

가도 가도 Gado Gado

인도네시아식 샐러드로 삶은 양배추와 감자, 당근,
오이 같은 채소에 땅콩 소스를 뿌려 먹는다. 튀긴 두부와 콩을
발효시켜 만든 템페가 함께 나오기도 하는데, 생채소를 넣어 만든
서양식 샐러드와 달리 따뜻하게 먹을 수 있다는 것이 특징이다.

부부르 아얌 Bubur Ayam

쌀과 닭고기를 함께 끓여 만든 인도네시아식 닭죽이다. 다른 인도네시아 음식과는
달리 특별한 향신료의 맛이 없어 누구라도 부담 없이 즐길 수 있다. 간단한 아침
식사로 안성맞춤이며, 식중독이나 장염에 걸렸을 때도 먹기 좋다.

삼발 소스 Sambal

고추, 마늘, 생강, 샬롯 등 여러 가지 향신료를 갈아 만든
인도네시아의 대표 칠리소스로 알싸하면서도 감칠맛이 나는
매운맛이 특징. 들어가는 재료에 따라 삼발 소스의 종류가
다양하게 나뉜다.

쇼핑, 발리를 추억하는 물건들

여행의 재미는 단연 쇼핑. 수공예품으로 유명한 발리지만 천연 화장품이나 요가 용품, 식료품
구경하는 재미도 놓칠 순 없다. 선물하기에도 좋고 한국에 돌아와서도 유용하게 사용할 수 있는
제품들을 소개한다.

01 **핸드메이드 가방** 르뭇 Lumut 78,000Rp
02 **에코백** 티켓 투 더 문 Ticket to the Moon 75,000Rp
03 **동전 지갑** 트레이즈 오브 라이프 Threads of Life 95,000Rp
04 **목걸이** 시 집시 Sea Gypsy 450,000Rp
05 **라탄 케이스** 아시타바 Ashitaba 75,000Rp
06 **팔찌** 디바인 가데스 Divine Goddess 135,000Rp
07 **코스터** 방갈로 리빙 발리 Bungalow Living Bali 65,000Rp
08 **스트로우** 마하나 Mahana 135,000Rp
09 **패브릭 사롱** 빈탕 슈퍼마켓 Bintang Supermarket 89,900Rp
10 **티셔츠** 데우스 엑스 마키나 Deus Ex Machina 425,000Rp

11	**야바 그래놀라** 빈탕 슈퍼마켓 Bintang Supermarket 28,500Rp
12	**커피** 코코 슈퍼마켓 Coco Supermarket 64,500Rp
13	**잼** 코우 퀴진 Kou Cuisine 55,000Rp
14	**헤어 오일** 빈탕 슈퍼마켓 Bintang Supermarket (왼쪽) 99,300Rp / (오른쪽) 13,700Rp
15	**간편 식품** 빈탕 슈퍼마켓 Bintang Supermarket (왼쪽) 8,000Rp/ (오른쪽) 6,700Rp
16	**빈탕 맥주** 코코 슈퍼마켓 Coco Supermarket 6개입 131,000Rp
17	**히말라야 솔트 캔디** 빈탕 슈퍼마켓 Bintang Supermarket 4,200Rp
18	**페이셜 오일** 이샤 내추럴스 Isha Naturals 530,000Rp
19	**요가 매트 스프레이** 우타마 스파이스 우붓 Utama Spice Ubud 92,500Rp
20	**에센셜 오일** 우타마 스파이스 우붓 Utama Spice Ubud 81,800Rp
21	**에센셜 오일** 더 파인드 빌리 The Find Bali 89,000Rp
22	**마그네틱** 빈탕 슈퍼마켓 Bintang Supermarket 59,900Rp
23	**드림캐처** 우붓 시장 Ubud Market 2개 25,000Rp

현지어, 발리 사람들과 가까워지는 첫 방법

현지인의 목소리를 듣는 순간 여행은 현실이 되고, 대화가 오가는 순간 여행은 살아 있는 경험이 된다.
여행의 경험을 특별하게 만들어줄 간단한 인도네시아어를 소개한다.

안녕하세요.
아침 인사 : Selamat pagi. *슬라맛 빠기*
점심 인사 : Selamat siang. *슬라맛 시앙*
오후 인사 : Selamat sore. *슬라맛 소레*
저녁 인사 : Selamat malam. *슬라맛 말람*

안녕히 주무세요.
밤 인사 : Selamat tidur. *슬라맛 띠두르*

안녕히 계세요.
Selamat tinggal. *슬라맛 띵갈*

고맙습니다.
Terima kasih. *뜨리마 까시*

미안합니다.
Minta maaf. *민따 마앞*

죄송합니다.
Mohon maaf. *모혼 마앞*

제 이름은 임현지예요.
Nama saya Lim Hyunji. *나마 사야 임현지*

저는 한국에서 왔습니다.
Saya datang dari Korea. *사야 다땅 다리 꼬레아*

얼마예요?
Harganya berapa? *하르가냐 버라빠?*

이거 비싸요.
Ini Mahal. *이니 마할*

깎아주세요.
Minta diskon. *민따 디스꼰*

이거 주세요.
Minta ini. *민따 이니*

배고파요.
Aku lapar. *아꾸 라빠르*

아파요.
Saya sakit. *사야 사낏*

화장실은 어디예요?
Di mana toilet? *디 마나 또일렛?*

이 주소로 가주세요.
Tolong ke alamat ini. *똘롱 꺼 알라맛 이니*

도와주세요!
Tolong dong! *똘롱 동!*

네.
Ya. *야*

아니오.
Tidak. *띠닥* / Bukan. *부깐*

숫자
0 nol *놀* / 1 satu *사뚜* / 2 dua *두아* / 3 tiga *띠가*
4 empat *음빳* / 5 lima *리마* / 6 enam *으남*
7 tujuh *뚜주* / 8 delapan *들라빤* / 9 sembilan *슴발란*
10 sepuluh *스뿔루*

1루피아는 얼마일까

인도네시아의 통화는 루피아(IDR, Rp)이다.
지폐는 1,000Rp, 2,000Rp, 5,000Rp, 10,000Rp, 20,000Rp,
50,000Rp, 100,000Rp 그리고 75,000Rp가 있다.
75,000Rp는 2020년 인도네시아가 네덜란드로부터
독립한 지 75주년을 기념해 만든 지폐다.
동전은 100Rp, 200Rp, 500Rp, 1,000Rp를 주로 사용한다.

100루피아(Rp)	1,000루피아(Rp)	10,000루피아(Rp)
약 **8.50**원	약 **85.0**원	약 **850**원

'루피아'를 '원'으로 쉽게 환산하는 방법

인도네시아는 화폐 단위가 큰 편이라 1,000을 의미하는 K로 표시하기도 한다. 즉 1,000Rp는 10K다. 루피아에서
'0'을 하나 뺀 숫자를 한화로 생각하면 쉽다. 1,000루피아는 약 85원이지만 음식값 등에 붙는 수수료를 포함하면
루피아에서 0 하나를 뺀 100원으로 셈할 수 있다.

발리의 물가를 알고 싶어요

물과 가장 대중적인 맥주인 빈탕, 인기 있는 현지 음식 나시고렝 등을 통해 발리의 물가를 짐작해보자. 카페나
레스토랑에 따라 택스와 서비스 차지로 15~21%가 추가된다. 또한 고급 바나 비치 클럽의 경우 가격이 더 비싸게
책정된다.

제품/메뉴	가격대
물 500ml	슈퍼마켓/편의점 4,000~7,500Rp, 레스토랑 10,000~30,000Rp
맥주 빈탕 병맥주 330ml	슈퍼마켓/편의점 20,000~27,500Rp, 레스토랑/비치 클럽 30,000~55,000Rp
커피 아이스 블랙 커피	카페 25,000~35,000Rp
현지 음식 나시고렝	레스토랑 30,000~125,000Rp
햄버거	레스토랑/비치 클럽 95,000~150,000Rp

Special Guide

Post-Pandemic Travel

팬데믹 이후의 안전 여행법

2023년 5월, 세계보건기구(WHO)가 신종 코로나바이러스 감염증 (코로나19)에 대한 공중보건 비상사태를 해제하면서 코로나19 팬데믹의 종식을 선언했다. 엔데믹 시대가 도래했고 여행 수요 역시 점점 회복세다. 하지만 여행을 하다 보면 예기치 않은 상황이 발생할 수 있다. 발리로 떠나기 전에 이 책에서 소개하는 현지 위급 상황 3단계 대처법을 익혀두자. 여행의 즐거움도 몸이 건강해야 느낄 수 있으니 말이다.

Step 01. 주요 증상별 대처법을 알려주세요!

이것은 실화다. 생생한 정보가 담긴 여행 가이드북을 쓰고 싶었던 것은 맞지만, 발리식 장염인 발리 밸리(Bali Belly)까지 경험하고 싶다는 뜻은 아니었다. 그 경험을 바탕으로 대처법까지 상세히 기록해본다. 한편 인도네시아 정부 또한 세계보건기구의 공중보건 비상사태 해제 이후 코로나19 방역 수칙을 모두 폐지하는 완화 정책을 발표했다. 그럼에도 불구하고 감염 예방 노력을 지속하고 있으니 확진 시 판단은 자신의 몫.

코로나19 주요 증상
√ 목이 아프고 콧물이 흐른다.
√ 머리가 깨질 듯이 아프다.
√ 기침이 계속 나온다.
√ 목소리가 잘 나오지 않는다.

코로나19 대처법
√ 코로나19 자가 진단 키트를 이용하거나 현지 병원에서 PCR 검사를 한다.
√ 증상이 심하다면 근처 병원으로 가서 의사의 처방에 따라 치료를 받는다.
√ 세계보건기구의 공중보건 비상사태 해제 이전에는 5일간 격리하고 5일 차 이후에는 PCR 검사를 해서 음성이면 격리 해제, 계속 양성이라면 10일 차에 격리 해제를 권고했었다. 하지만 이제 발리에서 자가 격리는 의무가 아닌 선택이다. 즉, 자신의 상황에 대한 판단과 선택이 중요해졌다는 것.
√ 호텔 밖으로 움직일 수 없다면 고젝(Gojek) 또는 그랩(Grab) 앱을 사용해 배달 음식을 주문한다. »p.57

Tips 코로나19 약 구입하기
일반적인 약품은 의사의 처방전 없이 약국에서 구입할 수 있다. 구글 맵스에서 영어로 'Pharmacy(약국)' 또는 'Drugstore(드러그스토어)'를 검색한 뒤, 타이레놀(Tylenol) 또는 타이레놀 계열의 약(Panadol) 과 목감기 약(Obat Tenggorokan) 등을 구입한다.

발리 밸리 주요 증상
√ 갑자기 속이 울렁거리고 구토가 나온다.
√ 어지럽고 식은땀이 계속 나며 움직이기가 어렵다.
√ 냄새만 맡아도 메슥거려 아무것도 먹을 수가 없다.
√ 설사가 계속된다.

발리 밸리 대처법
√ 지사제 같은 상비약이 있다면 약을 먹고 나아질 때까지 숙소에서 안정을 취한다.
√ 상비약이 없다면 구글 맵스에서 영어로 'Pharmacy(약국)', 'Drugstore(드러그스토어)'를 검색해 가장 가까운 곳으로 가서 증상을 말하고 약을 구입한다. 슈퍼마켓에서 물과 포카리스웨트를 구입한다.
√ 숙소로 들어온 뒤에 장염 증상이 나타났다면 호텔 프런트에 상비약이 있는지 문의한다. 증세가 심각하면 의사를 불러달라고 요청한다.

Tips 발리 밸리 약 구입하기
일명 발리 밸리는 발리에서 걸리는 장염으로 상한 음식, 물갈이 등으로 인한 발열, 메스꺼움, 구토, 설사 등의 증상이 나타난다. 한국에서 가져간 비상약이 없을 때는 근처에 있는 드러그스토어 가디안 (Guardian)에서 지사제 성분의 약(Norit 또는 Diatab Attapulgite)을 구입하거나, 약국에서 발리 밸리 증세에 대해 말하고 지사제 유의 약(Imodium)을 산다.

Step 02. 현지 병원에 가고 싶어요!

코로나19 양성 판정 후 호흡 곤란 같은 중증이 나타나거나 발리 밸리로 인한 증세가 심각하다면 병원으로 가서 치료를 받는다. 여행자 보험에 가입하지 않았다면 치료비는 전액 본인 부담이다. 여행자 보험을 들었다면 병원 측에 보험 청구를 할 거라고 말하고 진단서(Medical Diagnosis Certificate), 처방전(Prescription), 치료비 영수증(Medical Expenses Receipt), 의약품 영수증(Medicine Receipt) 등의 발급을 요청한다. 귀국 후 보험사에 서류를 제출하고 보험금을 청구한다.

코로나19 검사가 가능한 주요 병원

지역	병원명	주소	연락처	홈페이지
우붓	**Kenak Medika Hospital**	Jl. Raya Mas, Kec. Ubud, Kabupaten Gianyar, Bali 80571	+62 811-3930-911	www.kenakmedika.com/kenak medikanew
우붓	**BIMC Ubud Medical Centre**	Jl. Raya Sanggingan No.21, Kedewatan, Kec. Ubud, Kabupaten Gianyar, Bali 80571	+62 361-2091-030	www.bimcbali.com/bimc-ubud-medical-centre
꾸따	**BIMC Kuta**	Jl. Bypass Ngurah Rai No.100X, Kuta, Kec. Kuta, Kabupaten Badung, Bali 80361	+62 361-761-263	www.bimcbali.com/bimc-hospital-kuta
꾸따	**Siloam Hospitals Denpasar**	Jl. Sunset Road No.818, Kuta, Kec. Kuta, Kabupaten Badung, Bali 80361	+62 361-779-900	www.siloamhospitals.com
사누르	**RSUD Bali Mandara**	Jl. Bypass Ngurah Rai No.548, Sanur, Denpasar, Bali 80227	+62 361-449-0566	rsbm.baliprov.go.id
누사 두아	**BIMC Nusa Dua**	Kawasan ITDC Blok D, Jl. Nusa Dua, Benoa, Kec. Kuta Sel., Kabupaten Badung, Bali 80363	+62 361-300-0911	www.bimcbali.com/bimc-siloam-nusa-dua

· 병원 응급실 연락처 : 긴급 앰뷸런스는 118

Tips 코로나19 검사소 혹은 병원 검색 방법
· 코로나19 검사하는 곳을 찾고 싶다면 구글 맵스에서 지역 이름(Ubud, Kuta, Seminyak, Canggu 등)에 'COVID-19 Testing Center'를 더해 검색한다. 비용은 업체별로 다르지만 꾸따의 실로암 병원 기준 275,000~300,000Rp 정도다.
· 일반 병원을 찾는다면 구글 맵스에서 'Hospital(병원)'을 검색한 후 가장 가까운 병원에 간다.

Step 03. 급하게 귀국해야 한다면

증세가 악화되어 도저히 발리에 머물 수 없는 상황이라면 귀국을 준비한다. 항공권 예약 사이트 또는 항공사 홈페이지/애플리케이션에서 변경 수수료를 지불한 후 귀국 편의 항공권 날짜를 변경하면 된다. 한국 입국 후 바로 병원에 간다.

주요 비상 연락처와 서비스

명칭	주소/소개	연락처	기타
주인도네시아 대한민국대사관	Jl. Jenderal Gatot Subroto Kav.57, Jakarta 12950	+62 21-2967-2580 +62 811-852-446(당직 전화)	카카오톡 플러스에서 '주인도네시아 대한민국대사관 영사 서비스' 채널 추가
주인도네시아 대한민국대사관 발리 분관	Jl. Prof. Moh. Yamin No.8, Kelurahan Sumerta, Kec, Denpasar Timur, Kota Denpasar, Bali 80239	+62 361-445-5037 +62 811-1966-8387(사건/사고)	
발리 한인회	Jl. Bypass Ngurah Rai No.462, Susung, Denpasar, Bali 80221	+62 361-726-708	
소방청 재외국민 응급의료상담 서비스	전화, 카카오톡, 이메일을 통한 원격 의료상담 서비스	+82 44-320-0119 central119ems@korea.kr	· 카카오톡 플러스 '소방청 응급의료상담 서비스' 채널 추가 · 일반 의료 문의까지 119 응급센터 전문의의 상담을 받을 수 있다. · 홈페이지는 www.119.go.kr

증상별 용어

증상	인도네시아어	영어
감기	batuk pilek, selesma	common cold
감기약	obat flu	medicine for cold
발열	derma	fever
목감기	sakit tenggorokan	sore throat
코감기	pilek, flu	nasopharyngitis
콧물	ingus	rhinorrhea, running nose
가래	dahak, sputum	sputum
기침	batuk	cough
두통	sakit kepala, pusing	headache
두통약	obat sakit kepala	headache pill
설사	diare	diarrhea
구토	muntah	vomiting
위경련	kram perut	stomach cramps
근육통	myalgia	myalgia, muscle ache
과호흡	hiperventilasi	hyperventilation
호흡 곤란	sesak napas, dyspnea	dyspnea
두드러기	kulit bentol, urtikaria, biduran	urticarial, wheal

증상별 표현

증상	인도네시아어	영어
어지러워요.	Saya merasa pusing.	I feel dizzy.
머리가 아파요.	Mengalami sakit kepala.	I have a headache.
콧물이 납니다.	Saya sedang pilek.	I have a running nose.
목이 아픕니다.	Tenggorokan saya sakit.	I have a sore throat.
가래가 나옵니다.	Batuk saya berdahak.	I cough up sputum.
목이 부었어요.	Tenggorokan saya sedang radang.	My throat is swolling.
속이 메스꺼워요.	Saya merasa mual.	I feel nauseous.
열이 나요.	Saya sedang demam.	I have a fever.
오한이 있어요.	Saya kedinginan.	I have a chill.
숨 쉬기가 힘들어요.	Saya kesulitan bernafas.	I have trouble breathing.
설사를 해요.	Saya diare.	I have diarrhea.
근육통이 있어요.	Otot saya sakit.	I have a muscle ache(myalgia).

출처 :「알기 쉬운 인도네시아 의료 가이드북」, 주인도네시아 대한민국대사관, 2023.

호텔에서 배달 음식 주문하는 방법

① 고젝 애플리케이션을
열고 고푸드(Gofood)
를 터치한다. 그랩
애플리케이션 사용법도
동일하다.

② 현재 위치가 자동으로
입력되면 맞는지
확인한다.

③ 음식점을 선택한 뒤
메뉴를 고른다.

④ 메뉴를 선택하고 결제
방법을 선택한다.

⑤ 주문을 끝내면 기사가
호출된다.

⑥ 배달이 시작된다.

⑦ 직접 음식을 받을 수
있는 상황이라면 호텔
입구에서 기사를 직접
만나 음식을 전달받는다.

⑧ 직접 음식을 받을
수 없는 상황이라면
호텔 프런트에 연락해
객실 문 앞으로 음식을
전달해달라고 부탁한다.

발리 실전 여행법

여행이 비로소 완성되는 순간은 현지의 문화를 존중하고 현지인들과 공존할 때다. 신들의 섬으로 불리는 발리는 인구 대부분이 힌두교를 믿고, 여러 세대에 걸쳐 그들만의 전통과 관습을 만들어왔다. 이를 늘 염두에 두고 발리에서 일어날 수 있는 사건 사고도 미리 숙지하자.

발리 여행을 위한 10가지 수칙
발리 주정부에서 외국인 관광객을 대상으로 발표한 '발리 여행 시 유의사항'(2023.5.31.)을 참고하자.

① 발리의 관습, 전통, 문화 존중하기.
② 종교적 상징의 의미가 있는 지역, 사원, 관광 명소를 방문할 때 복장에 유의하기.(발리의 사원은 민소매
　상의나 맨다리가 드러나는 짧은 반바지 차림으로는 입장 불가다. 울루와뚜 사원 입구에서는 긴 치마인 사롱과 허리띠인 슬렌당을
　무료로 대여해준다.)
③ 사원 또는 성지에서 나무에 오르는 행위, 노출이 심한 복장 또는 종교적 상징을 모독하는 행위 금지.
④ 레스토랑, 대형 쇼핑몰 등 공공장소에서 노출이 심한 복장 자제 및 에티켓 준수하기.
⑤ 여행 가이드가 필요한 경우 적법한 허가를 받은 전문 가이드와 동행하기.
⑥ 뱅크 인도네시아(Bank Indonesia) 허가 번호와 QR코드 로고가 표시된 은행 또는 공인 환전소(KUPVA)
　에서 외화 환전하기.
⑦ 차량이나 오토바이를 운전하고자 할 때 적법한 국제 운전면허증이나 인도네시아 국내 운전면허증
　보유하기.
⑧ 헬멧 착용, 교통 표지판 준수, 정원 이상의 동승자를 태우지 않는 등 도로교통법 준수하기.
⑨ 공공장소, 해변, 거리 등에 쓰레기 무단 투기 금지.
⑩ 관할 기관에서 발행한 공식 허가 없이 비즈니스 금지.

키워드로 보는 발리 여행 팁

① 팁 : 팁을 주는 것은 일반적인 관례다. 호텔이나
레스토랑에서는 세금 및 서비스 차지가 15~21% 정도
영수증에 포함된다. 택시 기사, 호텔 직원 등에게는 약
10,000~20,000Rp의 팁을 준다.

② ATM 기계 : 다나몬(Danamon), 비엔아이(BNI), 만디리(Mandiri)
등의 ATM에서는 수수료가 무료이다.

③ 공유 차량 결제 : 그랩의 경우 '트래블 월렛' 카드로 등록 및
결제가 가능하지만, 고젝은 불가하다. 신용카드, 현금 또는
고 페이(Go Pay) 등으론 결제를 할 수 있다.

   * 고 페이(Go Pay)는 고젝에 일정 금액을 충전을 하여 사용하는 방법으로,
   충전은 인도마렛(Indomarat) 편의점에서 현금으로 가능하다.

④ 나시참푸르 : 발리의 국민 음식으로, 보통 아침에 만들고
날이 더운 날에는 상할 수 있기 때문에 저녁보다는 아침이나
점심에 먹기를 권한다.

⑤ 스킨십 에티켓 : 왼손은 용변을 닦는 손으로 받아들이므로
왼손으로 악수하거나 물건을 건네지 않는다. 또한 다른 이의
머리를 만지거나 쓰다듬지 않는다.

⑥ 동물 : 길거리에서 개를 발견하면 자리를 피하고, 개에
물렸다면 즉시 병원에서 응급 치료를 받는다.

©Sophie Yu

©Sophie Yu

Tips 발리의 도로 교통 시스템

차량 운전석 위치가 한국과 반대이며, 도로는 포장 상태가 좋지 않아
차선이 보이지 않는 경우가 많다. 발리의 도로는 대부분 1차선과
2차선으로 된 일방통행 도로이며, 늘 심각한 교통 체증에 시달린다.
운전자들이 속도 제한과 교통 신호를 지키지 않는 경우가 많고 차선
간 주행, 무단 유턴, 급정거 등 위험 요소가 많으므로 각별히 사고를
조심해야 한다. 또한 인도네시아는 국제 협약 가입 국가가 아니라서
한국에서 발급받은 국제 운전면허증은 인정되지 않기 때문에 직접 운전을
하기보다는 운전기사를 포함해 차를 대여하거나 택시 같은 교통 수단을
이용하는 것이 일반적이다.

· 오토바이를 타고 지나가며 소지품을 날치기하는 사건이 빈번하게
   일어나니 늘 소지품 관리에 신경 쓴다.
· 그랩과 고젝 애플리케이션에 표시되는 차량 번호와 승차할 차량 번호가
   일치하는지 반드시 확인한다.
· 그랩과 고젝을 이용할 경우, 기사에게 헬멧을 요청하여 꼭 쓰도록 한다.

Part 02

우리들의
첫 번째 여행지,
우붓

Ubud

우리가 우붓에 가야 하는 이유

발리는 섬의 사면이 바다로 둘러싸여 있지만 섬 내륙에 위치한
우붓에선 바다를 볼 수 없다. 몇 년 전 우붓을 처음 방문하기 전까지만
해도 그동안 상상해온 우붓의 모습이 있었다. 비록 해변은 없지만
눈을 시원하게 만드는 푸른 논밭의 전경과 천혜의 자연이 그대로
남아 있는 고즈넉한 풍광, 현지인들의 삶을 엿볼 수 있는 시장 등등.
반은 맞고 반은 틀리다. 우붓의 메인 거리는 교통난이 엄청나다.
대부분의 거리가 일차선인 데다 일방통행 도로이기 때문에 원하는
목적지까지 가기 위해서는 우회해야 하는 불편함을 겪기도 한다.
평화롭고 한적한 분위기만을 기대했다가는 실망하기 쉽다.
그럼에도 불구하고 이곳에 가야 하는 이유는 우붓만이 가진 특유의
분위기 때문이다. 메인 거리를 살짝만 벗어나도 우리가 상상했던
푸르름을 만끽할 수 있다. 제각각의 매력을 지닌 요가원, 레스토랑,
카페, 숙소는 또 어떠한가. 사방이 뚫려 온몸으로 바람과 새소리를
느낄 수 있는 곳에서부터 커다란 통창을 통해 녹음을 바라볼 수 있는
장소까지, 우붓에선 실외와 실내에서 저마다의 그림 같은 풍경을
즐길 수 있다. 그래서일까, 우붓에서 보내는 시간은 깊은 충만함과
짙은 잔상을 남긴다. 고향처럼 늘 돌아가고 싶고, 언제나 그리운
곳이다.

우붓 교통

응우라라이 국제공항에서 우붓으로

공항 택시
공항 1층 입국장 출구에 있는 택시
스탠드에서 택시를 배정받는다.
· **공항-우붓** 약 1시간 10분~1시간 30분,
  350,000~450,000Rp
· 유료 도로 이용 시 통행료 지불

차량 공유 플랫폼
고젝과 그랩 애플리케이션으로 차량을
호출한다. 공항세 및 톨비 등을 지불해야
하며, 새벽에 공항에 도착할 경우
할증료가 붙기도 한다.
· **공항-우붓** 약 1시간 10분~1시간 30분

픽업 서비스 차량
클룩 또는 마이리얼트립 등을 통해
픽업 서비스를 예약할 수 있다. 공항 1층
입국장 출구 미팅 포인트에서 드라이버를
만난 후 차량을 타고 이동하면 된다.
· **공항-우붓** 약 1시간 10분~1시간 30분,
  310,500Rp(요금 상시 변동)

숙소 차량
미리 숙소에 픽업 서비스를 신청하면
숙소 차량으로 공항에서 호텔이나
리조트까지 픽업해준다.
· 숙소마다 가격 상이

우붓에서 주변 지역으로

택시

우붓에서 다른 지역으로 이동할 때 가장 많이 이용하는 교통수단은 택시다. 대기 중인 빈 택시를 탈 수도 있지만, 미리 요금과 소요 시간 등을 확인할 수 있는 고젝, 그랩 또는 블루버드 애플리케이션으로 차량을 호출해 이용하는 경우가 많다. 차량 상태나 서비스는 별반 다르지 않지만 가격은 10,000~50,000Rp 정도 차이가 나므로 가격 비교 후 업체를 선택한다.

· **우붓-꾸따** 약 50분~1시간 30분
· **우붓-스미냑** 약 1시간~1시간 30분
· **우붓-짱구** 약 1시간~1시간 20분
· **우붓-울루와뚜** 약 1시간 15분~1시간 50분
· **우붓-사누르** 약 40분~1시간
· **우붓-누사두아** 약 1시간~1시간 30분

바이크

일종의 오토바이 택시인 고젝 바이크와 그랩 바이크는 저렴하고 빠른 이동이 가능하다. 다만 짐이 있을 경우 이용이 어렵고 장거리는 위험할 수 있다.

버스

① 쿠라쿠라 버스

공공 셔틀버스 서비스인 쿠라쿠라 버스는 우붓에서 사누르, 우붓에서 꾸따로 이동할 때 이용할 수 있다. 우붓에서 사누르를 거쳐 꾸따로 가는 버스가 하루에 한 대 운행 중이다.

· **우붓-사누르** 100,000Rp(짐 추가 20,000Rp)
· **우붓-꾸따** 100,000Rp(짐 추가 20,000Rp)

② 쁘라마 버스

쁘라마 여행사에서 운영하는 셔틀버스인 쁘라마 버스는 우붓에서 짱구, 사누르, 꾸따로 이동할 때 이용 가능하다. 저렴한 요금이 장점이지만 시간이 오래 걸린다.

· **우붓-짱구** 150,000Rp
· **우붓-사누르** 80,000Rp
· **우붓-꾸따** 100,000Rp

③ 뜨만 버스

발리 정부에서 운영하는 대중교통으로 저렴한 요금이 장점이다. 하지만 현금 결제가 안 될 뿐 아니라 여행자들이 이용하기에는 노선 파악이 쉽지 않고 시간도 오래 걸린다.

· **우붓-사누르** 4,400Rp
· **우붓-꾸따** 8,800Rp(1회 환승)

우붓 내 이동하기

도보

우붓 왕궁을 중심으로 도보 10분 내외의 거리는 걸어서 충분히 다닐 수 있다. 하지만 대부분의 도로가 폭이 좁고 노후된 노면이며 인도가 없는 곳도 많아 불편하다. 항상 차와 오토바이를 조심할 것.

바이크/택시

우붓 내에서 여행자가 주로 이용하는 교통수단은 바이크, 즉 오토바이 택시다. 대부분의 도로가 일차선과 일방통행으로, 교통 체증이 심각하기 때문에 택시보다는 오토바이 택시를 타고 이동하는 것이 가격적으로나 시간적으로나 합리적이다. 다만 늘 안전에 주의할 것.

우붓 추천 코스

하루 코스

우붓에서 요가 유학을 한 작가에게 우붓에 하루만 머무는 건 절대 있을 수 없는 일이 되었지만,
그럼에도 짧은 일정 때문에 알짜배기만을 경험하고 싶은 여행자도 있을 터. 이들을 위해 고심해서 짠
하루 코스를 소개한다.

07:30~09:00

도보 1분

래디언틀리 얼라이브에서 요가 수련 »p.80

09:00

문 바이 선에서 아침 식사 »p.108

도보 5~10분

10:30

우붓 시장 »p.114, 티켓 투 더 문 »p.114,
우타마 스파이스 »p.115 등에서 쇼핑

도보 5~10분

13:00

멜팅 웍 와룽에서 점심 식사 »p.111

도보 3분

14:00

우붓 커피 로스터리에서 커피 한잔 »p.112

바이크 7~10분

15:00

바이크 7~10분

누사테라피에서 마사지 받기 »p.301

17:00

우붓 원숭이 숲에서 원숭이 보며 산책 »p.105

도보 10분

18:00

와룽 마칸 부 루스에서 저녁 식사 »p.110

도보 12분

래핑 부다 바에서 라이브 음악 즐기기 »p.113

20:00

1박 2일 코스

우붓은 다양한 액티비티를 즐기기에 최적의 장소다. 바투르산 일출 트래킹, 아융강 래프팅, 자전거 투어 등의 액티비티를 취향에 맞게 선택하는 재미가 쏠쏠하다.

1일 차

09:00~13:30
아융강 래프팅 즐기기 »p.92

차로 40~50분

14:30
스니만 커피에서 콜드브루 맛보기 »p.112

도보 3~5분

15:30
누사테라피에서 마사지 받기 »p.301

우붓 시장»p.114, 티켓 투 더 문»p.114,
우타마 스파이스»p.115 등에서 쇼핑

도보 3분

17:30

도보 10분

19:00
엔젤 와룽에서 저녁 식사 »p.109

2일 차

08:00~13:00
케투츠 발리 쿠킹 클래스에서
인도네시안 요리에 도전 »p.98

차로 20분

13:30
짬뿌한 리지 워크 산책하며
논밭 뷰 즐기기 »p.103

카르사 스파에서 마사지 받기 »p.301

도보 30분

14:00

바이크 15분

16:30

도보 5분

18:30
우붓 요가 하우스에서 선셋 요가 즐기기
(센셋 요가는 화·목요일에만 진행) »p.79

카페 포메그라네이트에서 석양을
바라보며 저녁 식사 »p.108

Map 01

우붓 여행 지도

우붓의 숙소는 중심가와 외곽 지역에 몰려 있다. 체류 일정이 짧은 여행자는 주로 중심가인 몽키 포레스트 거리 근처에 있는 다양한 타입의 숙소에 묵고, 녹음이 우거지고 고요한 우붓 특유의 분위기를 즐기고자 하는 이들은 외곽의 풀빌라나 리조트에 머문다.

Area 01. 몽키 포레스트 거리 주변

우붓의 메인 스트리트는 잘란 라야 우붓(Jl. Raya Ubud)이지만 숙소는 몽키 포레스트 거리(Jl. Monkey Forest)에 더 많다. 혼자 묵어도 부담 없는 저가 호텔부터 시설 좋은 고급 리조트까지 선택지가 다양하다.

Pick 추천 숙소
- 코마네카 앳 몽키 포레스트 Komaneka at Monkey Forest ★★★★ 20만 원대 중후반
- 로열 카무엘라 빌라 앤 스위트 앳 몽키 포레스트 우붓 Royal Kamuela Villas & Suites at Monkey Forest Ubud ★★★★★ 20만 원대 중후반
- 코마네카 앳 라사 사양 Komaneka at Rasa Sayang ★★★★ 20만 원대 초중반
- 카자네 무아 KajaNe Mua ★★★★ 10만 원대 후반~20만 원대 초중반
- 우붓 빌리지 호텔 Ubud Village Hotel ★★★★ 8만~12만 원
- 우붓 트로피컬 가든 Ubud Tropical Garden ★★★ 8만~10만 원
- 사린 우붓 스위트 바이 프라마나 Sarin Ubud Suite by Pramana ★★★ 5만~8만 원

Area 02. 외곽 지역

우붓 시내의 번잡함에서 벗어나고자 하는 여행자들에게 인기 있는 곳으로 대부분 우붓 중심에서 차로 약 30분 내외의 거리에 자리한다. 아름다운 녹음과 정글 뷰를 감상하며 조용하게 휴식을 취할 수 있는 고가형 숙소가 많은 편이며, 우붓 시내까지는 호텔마다 셔틀버스 서비스를 제공한다.

Pick 추천 숙소
- 호시노야 발리 Hoshinoya Bali ★★★★★ 70만~80만 원대
- 더 카욘 정글 리조트 The Kayon Jungle Resort ★★★★★ 60만~70만 원대
- 코모 우마 우붓 Como Uma Ubud ★★★★★ 50만~60만 원대
- 파드마 리조트 우붓 Padma Resort Ubud ★★★★★ 30만~40만 원대
- 코마네카 앳 탕가유다 Komaneka at Tanggayuda ★★★★★ 30만~40만 원대
- 마야 우붓 리조트 앤 스파 Maya Ubud Resort & Spa ★★★★★ 30만 원대
- 악사리 우붓 Aksari Ubud ★★★★★ 20만~30만 원대
- 더 상카라 리조트 앤 스파 바이 프라마나 The Sankara Resort & Spa by Pramana ★★★★ 10만~20만 원대
- 푸리 세발리 리조트 Puri Sebali Resort ★★★★ 10만 원대 후반

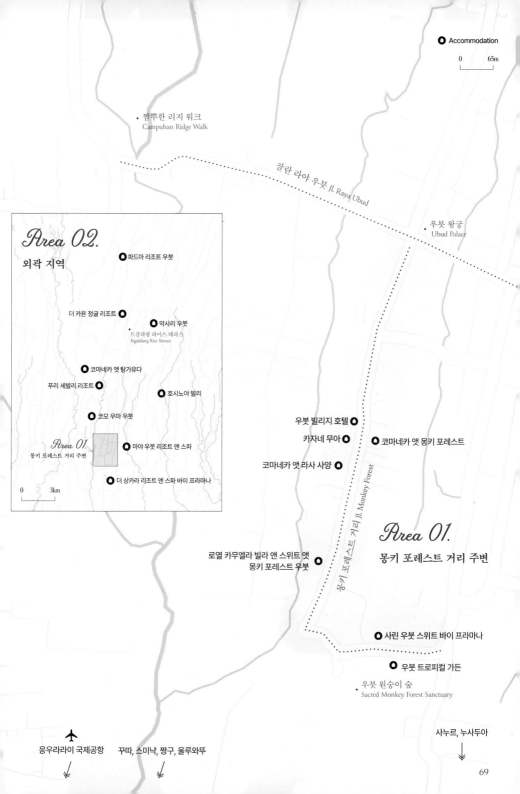

짬뿌한 리지 워크
Campuhan Ridge Walk

잘란 라야 우붓 Jl. Raya Ubud

우붓 왕궁
Ubud Palace

Area 02.
외곽 지역

🅾 파드마 리조트 우붓

🅾 더 카욘 정글 리조트

🅾 악사리 우붓

트갈라랑 라이스 테라스
Tegalalang Rice Terrace

🅾 코마네카 앳 탕가유다

푸리 세발리 리조트 🅾

🅾 호시노야 발리

🅾 코모 우마 우붓

Area 01.
몽키 포레스트 거리 주변

🅾 마야 우붓 리조트 앤 스파

🅾 더 상카라 리조트 앤 스파 바이 프라마나

0   3km

우붓 빌리지 호텔 🅾

카자네 무아 🅾

🅾 코마네카 앳 몽키 포레스트

코마네카 앳 라사 사양 🅾

몽키 포레스트 거리 Jl. Monkey Forest

Area 01.
몽키 포레스트 거리 주변

로열 카무엘라 빌라 앤 스위트 앳
몽키 포레스트 우붓 🅾

🅾 사린 우붓 스위트 바이 프라마나

🅾 우붓 트로피컬 가든

우붓 원숭이 숲
Sacred Monkey Forest Sanctuary

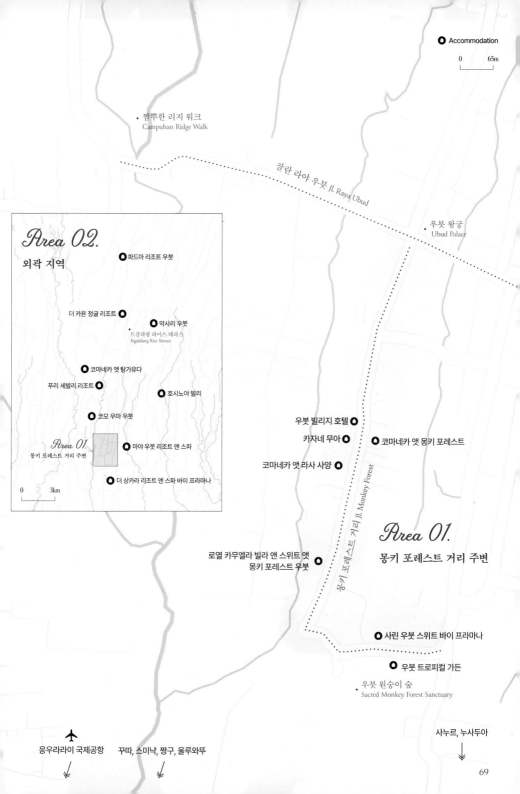

🅾 Accommodation

0   65m

사누르, 누사두아
↓

✈
응우라라이 국제공항
↓

꾸따, 스미냑, 짱구, 울루와뚜
↓

69

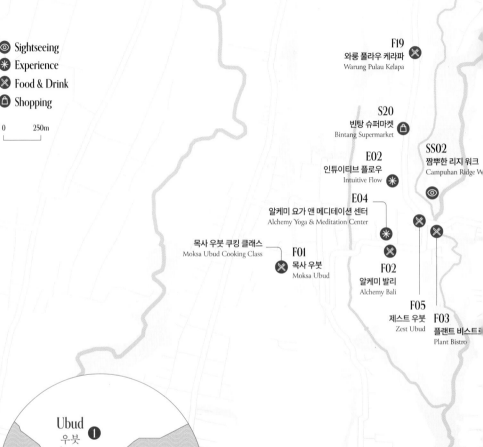

Map 02
우붓 스폿 지도

E07
발리 스윙
Bali Swing

↑
아융강 래프팅

- ◉ Sightseeing
- ✳ Experience
- ✖ Food & Drink
- 🔒 Shopping

0   250m

F19
와룽 풀라우 케라파
Warung Pulau Kelapa

S20
빈탕 슈퍼마켓
Bintang Supermarket

SS02
짬뿌한 리지 워크
Campuhan Ridge W

E02
인튜이티브 플로우
Intuitive Flow

E04
알케미 요가 앤 메디테이션 센터
Alchemy Yoga & Meditation Center

목사 우붓 쿠킹 클래스
Moksa Ubud Cooking Class

F01
목사 우붓
Moksa Ubud

F02
알케미 발리
Alchemy Bali

F05
제스트 우붓
Zest Ubud

F03
플랜트 비스트ㄹ
Plant Bistro

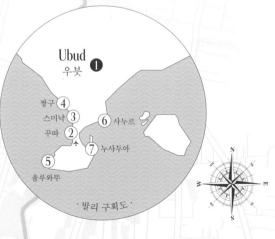

Ubud
우붓 ❶

짱구 ❹
스미냑 ❸
꾸따
❷
❻ 사누르

❺
울루와뚜
❼ 누사두아

· 발리 구획도 ·

F04
세이지
Sage

E05
우붓 요가 센터
Ubud Yoga Centre

✈ 응우라라이 국제공항, 꾸따, 스미냑, 짱구, 울루와뚜

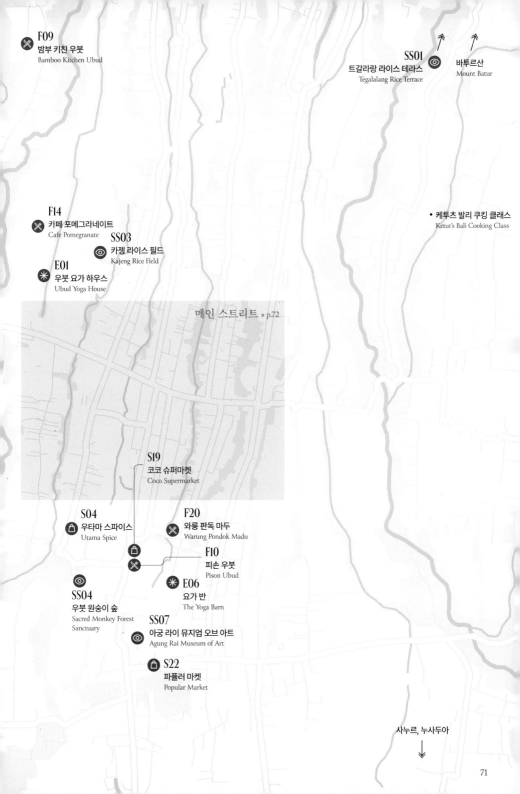

F09
밤부 키친 우붓
Bamboo Kitchen Ubud

SS01
트갈라랑 라이스 테라스
Tegalalang Rice Terrace

바투르산
Mount Batur

F14
카페 포메그라네이트
Cafe Pomegranate

SS03
카젱 라이스 필드
Kajeng Rice Field

케투츠 발리 쿠킹 클래스
Ketut's Bali Cooking Class

E01
우붓 요가 하우스
Ubud Yoga House

메인 스트리트 » p.72

S19
코코 슈퍼마켓
Coco Supermarket

S04
우타마 스파이스
Utama Spice

F20
와룽 판독 마두
Warung Pondok Madu

F10
피손 우붓
Pison Ubud

SS04
우붓 원숭이 숲
Sacred Monkey Forest
Sanctuary

E06
요가 반
The Yoga Barn

SS07
아궁 라이 뮤지엄 오브 아트
Agung Rai Museum of Art

S22
파퓰러 마켓
Popular Market

사누르, 누사두아
↓

Map 03

우붓 스폿 지도: 메인 스트리트

◉ Sightseeing
✳ Experience
✖ Food & Drink
🛍 Shopping

0 ___ 90m

S07 🛍
스레즈 오브 라이브
Threads of Life

F18 ✖
와룽 마칸 부 루스
Warung Makan Bu Rus

SS06
우붓 워터 팰리스(사라스와티 사원)
Ubud Water Palace
◉

SS05
우붓 왕궁
Ubud Palace
◉

S01 🛍
우붓 시장(우붓 아트 마켓)
Ubud Market

S12
인디고 루나 스토어
Indigo Luna Store 🛍

F11 ✖
타코 피에스타 발리
Taco Fiesta Bali

S17 🛍
코우 퀴진
Kou Cuisine

S16 🛍
코우 발리 내추럴 솝
Kou Bali Natural Soap

F32 ✖
시피 라운지
CP Lounge

F29 ✖
투키스 코코넛 숍
Tukies Coconut Shop

F30 ✖
래핑 부다 바
Laughing Buddha Bar

F31 ✖
노 마스 바
No Mas Bar

S10 🛍
치착 우붓 티크 우든 키친웨어
Cicak Ubud Teak Wooden Kitchenware

S08 🛍
아시타바
Ashitaba

S03 🛍
울루와뚜 핸드메이드 발리니스 레이스
Uluwatu Handmade Balinese Lace

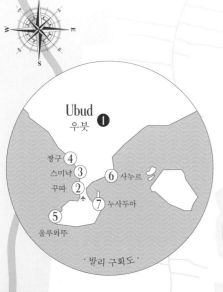

Ubud
우붓 ❶

짱구 ④
스미냑 ③
꾸따 ② ⑥ 사누르
⑤ ⑦ 누사두아
울루와뚜

· 발리 구획도 ·

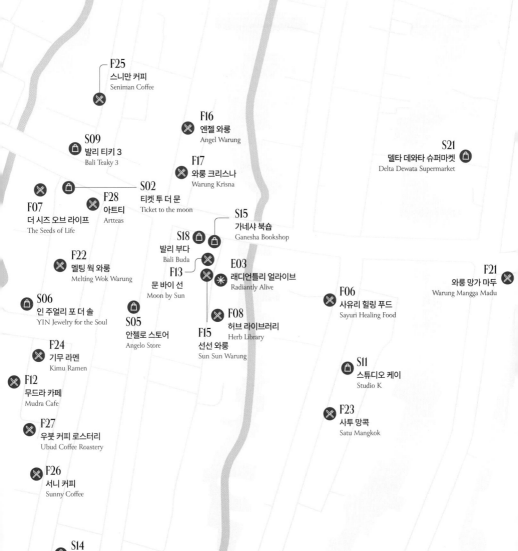

F25
스니만 커피
Seniman Coffee

F16
엔젤 와룽
Angel Warung

S09
발리 티키 3
Bali Teaky 3

F17
와룽 크리스나
Warung Krisna

S21
델타 데와타 슈퍼마켓
Delta Dewata Supermarket

F07
더 시즈 오브 라이프
The Seeds of Life

F28
아트티
Artteas

S02
티켓 투 더 문
Ticket to the moon

S15
가네샤 북숍
Ganesha Bookshop

F22
멜팅 웍 와룽
Melting Wok Warung

S18
발리 부다
Bali Buda

E03
래디언틀리 얼라이브
Radiantly Alive

F21
와룽 망가 마두
Warung Mangga Madu

F13
문 바이 선
Moon by Sun

S06
인 주얼리 포 더 솔
YIN Jewelry for the Soul

S05
안젤로 스토어
Angelo Store

F08
허브 라이브러리
Herb Library

F06
사유리 힐링 푸드
Sayuri Healing Food

F24
기무 라멘
Kimu Ramen

F15
선선 와룽
Sun Sun Warung

F12
무드라 카페
Mudra Cafe

S11
스튜디오 케이
Studio K

F27
우붓 커피 로스터리
Ubud Coffee Roastery

F23
사투 망콕
Satu Mangkok

F26
서니 커피
Sunny Coffee

S14
발리 요가 숍
Bali Yoga Shop

Yoga in Ubud

녹음 한가운데서 마주한 나 자신
우붓에서 즐기는 요가

요가를 배운 지 5년이 넘었다. 다른 운동은 이 정도 배우면 숙련자의
길로 들어서는데 요가만큼은 그렇지 않다. 일주일에 4~5회 성실히
요가를 했음에도 불구하고 뻣뻣한 몸 앞에서는 5년이라는 세월도
소용없다. 처음엔 그게 화가 났지만 이제는 '잘하고, 못하고'가 별
상관이 없어졌다. 요가를 배우면서 깨달은 점은 사람마다 각기 '몸이
다르다'는 것을 인정하고 자신의 몸을 '있는 그대로' 받아들여야
한다는 것이다. 발리의 우붓은 요가를 즐기려는 사람이라면 누구나
환영받는 곳이다. 요가는 잘하는 것보다 요가를 하고 있다는 행위
자체에 의미가 있다는 것을 깨닫게 해주는 우붓의 매력적인 요가
스튜디오로 떠나보자.

Pick 우붓의 요가원
· 우붓 요가 하우스
· 인튜이티브 플로우
· 래디언틀리 얼라이브 우붓
· 알케미 요가 앤 메디테이션 센터
· 우붓 요가 센터
· 요가 반

잘하지 않아도 괜찮아
내 몸에 맞는 발리 요가 가이드

요가(Yoga)는 인도에서 유래한 정신 수행법의 하나로, 산스크리트어로
통제(Control), 수단/방법(Means), 통합(Union) 등을 의미한다. 인도의 경전
『요가 수트라』의 서두에 "요가는 마음의 작용을 없애는 것이다"라고
정의하고 있는데, 요가는 몸의 움직임, 명상, 호흡 등의 수련을 통해
몸과 마음, 육체와 정신의 융합을 추구한다.
오랜 역사를 가진 만큼 요가는 다양한 유파로 나뉜다. 힌두교의 전통에서는
소리를 통해 외적 에너지와 내적 에너지의 통합을 시도하는 만트라
요가(Mantra Yoga), '업보'를 뜻하는 카르마(Karma)에서 연유하여 행동을
중시하는 카르마 요가(Karma Yoga), 명상을 통해 최고의 경지에 도달하고자
하는 라자 요가(Raja Yoga), 희생·봉사·헌신을 통해 몸과 마음을 정화하는 박티
요가(Bhakti Yoga), 무지에서 벗어나 바른 앎을 통해 깨달음을 얻는 즈나나
요가(Jnana Yoga), 몸을 다스리고 호흡을 훈련하며 올바른 식이요법을 통해
인간의 생명과 본성을 회복하고자 하는 하타 요가(Hatha Yoga)로 구분하고 있다.
발리에서는 위와 같은 전통적인 유파보다는 아쉬탕가 요가(Ashtanga Yoga),
빈야사 요가(Vinyasa Yoga), 인 요가(Yin Yoga) 등 현대에 인기 있는 요가를
대중적으로 만나볼 수 있다.

아쉬탕가 요가(Ashtanga Yoga)는 인도의 파탄잘리가 고안한 요가 수련의 8단계를 수행해나가는 요가로, 매일 일정한 시퀀스(Squence, 동작의 순서)와 호흡을 통해 육체와 정신을 수련하는 것을 목표로 삼고 있다. 빈야사 요가(Vinyasa Yoga)는 근력을 중시하는 아쉬탕가 요가와 균형을 강조하는 아헹가 요가(Iyengar Yoga)의 장점을 살려 미국에서 만든 요가로, 아쉬탕가의 아사나(Asana, 자세)를 기초로 동작과 호흡을 물 흐르듯 연결하는 것이 특징이다. 인 요가(Yin Yoga)는 신체 안쪽의 음(Yin)적인 요소를 중시하는 요가로, 오랜 시간 동안 한 자세를 유지하며 몸과 마음을 이완하는 것을 강조하고 있다.

발리의 요가원에서는 다양한 종류의 요가 클래스가 열리는데, 대부분이 요가를 처음 접하는 사람도 충분히 할 수 있는 수업이다. 어떤 수업을 들어야 할지 고민된다면 초심자도 가볍게 할 수 있는 힐링 요가(Healing Yoga)와 젠틀 요가(Gentle Yoga), 인 요가(Yin Yoga) 등을 추천한다. 몸의 움직임에 초점을 둔, 동적인 요가를 원한다면 빈야사 요가(Vinyasa Yoga)를, 정통 요가가 궁금하다면 하타 요가(Hatha Yoga)를 선택해보는 것도 좋겠다.

Pick 요가원별 초보자 추천 클래스

우붓 요가 하우스 Ubud Yoga House
요가 포 비기너스(Yoga for Beginners, 초보자들을 위한 기본 동작으로 구성된 요가), 선라이즈 젠틀 요가(Sunrise Gentle Yoga, 아침의 몸을 깨우는 전통적인 하타 요가)

인튜이티브 플로우 Intuitive Flow
비기너 요가(Beginner Yoga, 기초 동작으로 이루어진 초보자를 위한 요가), 젠틀 요가(Gentle Yoga, 정통 하타 요가의 변형된 요가로 누구나 쉽게 접근할 수 있는 요가), 인 요가(Yin Yoga, 한 자세를 오래 유지하며 느린 속도로 진행하는 요가)

래디언틀리 얼라이브 요가 Radiantly Alive Yoga
젠틀 플로우(Gentle Flow, 기본 요가 동작과 호흡의 집중을 통해 몸을 깨우기 좋은 요가), 인 요가(Yin Yoga, 우리의 몸을 연결하고 있는 내부 조직에 초점을 두며 오랜 시간 한 자세를 유지하는 요가)

알케미 요가 앤 메디테이션 센터 Alchemy Yoga & Meditation Center
어스(Earth, 요가의 기본을 중시하며 호흡과 몸의 올바른 정렬을 탐구하는 요가), 에어(Air, 호흡을 강조하며 몸과 마음과 정신의 회복을 돕는 요가), 인(YIN, 하나의 동작을 1~5분가량 유지함으로써 몸과 마음을 깊이 들여다보는 요가)

우붓 요가 센터 Ubud Yoga Centre
인트로 투 아쉬탕가 요가(Intro to Ashtanga Yoga, 아쉬탕가 시퀀스를 소개하는 요가), 하타 요가(Hata Yoga, 느린 속도로 진행하며 몸의 정렬과 호흡을 중시하는 요가), 비크람 핫 요가(Bikram Hot Yoga, 온도가 높은 환경에서 26가지 요가 동작을 수행하는 요가)

요가 반 Yoga Barn
비기너스 요가(Beginners Yoga, 초보자들을 위한 빈야사 요가), 젠틀 요가 스트레치(Gentle Yoga Stretch, 몸을 열고 마음을 가라앉히는 동작들의 연결로 이루어진 요가)

Tips 알아두면 유용한 팁
· 규모가 큰 요가원은 수업 약 45분 전에 가서 등록 후 앞자리를 맡기를 추천한다. 강사와 거리가 있는 뒷자리에서 요가를 하면 집중도가 떨어질 수 있다.
· 공용 매트를 빌려주기는 하지만 위생을 위해 개인 매트와 수건을 챙겨갈 것을 권한다.
· 공용 매트를 대여했다면 수업 후 수건과 매트 스프레이로 닦아 잘 정리한다.
· 모든 수업은 영어로 진행한다. 초급반은 기본 동작 위주로 진행하므로 다 알아듣지 못하더라도 당황하지 말고 천천히 따라가 보자. 영어에 자신이 없다면 소규모 요가원의 수업에 참여해보는 것은 어떨까?
· 호흡은 요가의 기본이자 핵심이라 해도 과언이 아니다. 그러니 발리 요가 수업에서 가장 많이 듣게 되는 인헬(inhale, 숨을 들이마시다)과 엑스헬(Exhale, 숨을 내쉬다)은 꼭 기억하고 요가를 즐겨보자.
· 요가 수업 스케줄 및 예약에 대한 정보는 각 요가원의 홈페이지를 참고한다.

우붓 요가 하우스 Ubud Yoga House
소규모 수업으로 만족도를 높이다

시내에서 떨어져 있지만 일단 찾아가는 길부터 예쁘다. 사방이 개방된 발리 전통 가옥에서 논밭을 배경으로 요가를 할 수 있다. 다른 요가원에 비해 규모가 아담해 섬세한 티칭을 받을 수 있다는 점 또한 매력. 단, 하루에 3~4개의 수업만 진행한다. 작가의 원픽.

📍 Jl. Subak Sokwayah, Ubud, Kec.
Gianyar, Kabupaten Gianyar, Bali 80571
🚶 우붓 왕궁에서 차로 약 10분 이동 후 도보 약 9분 🕐 월·수·금·토요일 07:00~11:00,
화·목요일 07:00~11:00, 16:00~18:00
❌ 일요일 💰 1회 165,000Rp, 10회(30일 기한) 1,350,000Rp, 30일 무제한 2,500,000Rp/ 카드 결제 시 수수료 추가
✈ www.ubudyogahouse.com
📷 ubudyogahouse

인튜이티브 플로우 Intuitive Flow
힘들게 찾아갈 만큼의 충분한 가치

지대가 높은 곳에 위치해 계단도 많이 올라야 하고 지도를 보고도 길을 헤맬 수 있다. 하지만 이곳에 가야 할 이유는 분명하다. 통창 밖으로 끝없이 펼쳐진 녹음을 내려다보며 평온히 요가를 즐기는 특별한 경험이 기다리고 있기 때문. 기본기에 충실하면서도 땀이 흠뻑 나게 만드는 수업뿐만 아니라 강사진부터 공간의 분위기까지 모든 요소가 조화롭다.

📍 Jl. Raya Tjampuhan, Penestanan Kaja, Sayan, Ubud, Kec.
Ubud, Kabupaten Gianyar, Bali 80571 🚶 우붓 왕궁에서 차로 약 7분 🕐 월~토요일 07:00~19:00, 일요일 07:00~13:00 ❌ 연중무휴
💰 1회 150,000Rp, 5회(30일 기한) 550,000Rp/ 현금 결제만 가능
✈ www.intuitiveflow.com 📷 intuitive_flow_yogastudio

래디언틀리 얼라이브 Radiantly Alive 우붓점 Ubud

온전히 요가에만 집중하고 싶다면

요가 반과 함께 우붓에서 가장 유명한 요가원이자 울창한 숲을 배경으로 요가를 즐길 수 있는 곳이다. 특히 이곳은 자세 하나하나를 꼼꼼히 봐주는 강사들과 요가에 온전히 집중하는 수련자들이 자아내는 에너지가 남다르다. 한두 번 클래스에 참여하는 사람보다는 정기적으로 수련을 위해 찾는 요가인이 다수이고, 팬데믹 이후에도 기존 강사진이 거의 그대로 남아 있다. 하루 8개 이상의 클래스를 진행한다.

📍 Jl. Jembawan No.3, Ubud, Kec. Ubud, Kabupaten Gianyar, Bali 80571 🚶 우붓 왕궁에서 도보 약 8분 🕐 07:00~19:00 ✖ 연중무휴 🎫 1회 165,000Rp, 5회(90일 기한) 715,000Rp, 20회(90일 기한) 2,200,000Rp, 1개월 무제한 2,530,000Rp/ 카드 결제 가능 ✈ www.radiantlyalive.com 📷 radiantlyaliveubud

알케미 요가 앤 메디테이션 센터 Alchemy Yoga & Meditation Center 우붓점 Ubud

독특한 공간이 주는 즐거움

채식 레스토랑으로 유명한 알케미에서 운영하는 요가원으로 압도적인 규모와 공간감을 자랑한다. 차가운 철 느낌의 외관과는 달리 대나무로 둘러싼 돔 형태의 내부는 편안한 분위기를 자아낸다. 다른 요가원과 달리 땅(Earth), 물(Water), 불(Fire), 공기(Air) 등으로 요가 수업을 명명해서 선보이는 것도 이곳만의 특별함이다. 세심한 강사진에 대한 평도 좋은 편. 최근 울루와뚜에도 지점을 오픈했다.

📍 Jl. Penestanan Kelod No. 75, Penestanan Ubud, Kec. Ubud, Kabupaten Gianyar, Bali 80571 🚶 우붓 왕궁에서 차로 약 20분. 알케미 발리 우붓점 맞은편 🕐 07:00~20:00 ✖ 연중무휴 🎫 1회 165,000Rp, 5회(14일 기한) 650,000Rp, 10회(1개월 기한) 1,200,000Rp, 30일 무제한 2,400,000Rp/ 카드 결제 가능 ✈ www.alchemyyogacenter.com 📷 alchemyyogacenter

우붓 요가 센터 Ubud Yoga Centre
깔끔하고 위생적인 시설

콘크리트 건물과 에스닉한 실내 인테리어가 의외로 조
화롭게 어우러지는 깔끔한 요가원으로, 1층엔 카페와
라이프스타일 숍, 2층엔 요가 스튜디오가 자리한다. 핫
요가부터 중고급 숙련자를 위한 특별 강좌까지 차별화
된 프로그램을 선보이는데, 대부분의 수업이 초보자도
할 수 있도록 난이도가 평이한 편이다. 수업 커리큘럼
은 작가가 경험한 발리 요가원 중에서 가장 높은 만족
도를 자랑한다.

📍 Jl. Raya Singakerta No.108, Singakerta, Kec. Ubud,
Kabupaten Gianyar, Bali 80571 🚶 우붓 왕궁에서 차로 약 20분
🕐 월~금요일 06:00~18:00, 토요일 06:30~13:30, 일요일
07:00~13:30 ❌ 연중무휴 💰 1회 160,000Rp, 5회(30일 기한)
640,000Rp, 10회(30일 기한) 1,200,000Rp, 30일 무제한
2,250,000Rp/ 카드 결제 가능 ✈ www.ubudyogacentre.com
📷 ubudyogacentre

요가 반 The Yoga Barn
가장 큰 규모, 다양한 프로그램

작은 요가 마을이라 해도 될 만큼 요가 스튜디오는 물론 숙소, 스파 숍, 비건 카페까지 갖춘 '요
가 종합 공간'이다. 초보자를 위한 클래스부터 빈야사 요가, 하타 요가, 한국에서는 접하기 어려
운 기공, 명상, 댄스 수업까지 하루에 20개가 넘는 프로그램을 운영해 선택의 폭이 넓다. 워낙
인기가 많은 곳이다 보니 대규모 인원의 수업 위주로 진행해 세심한 지도를 받을 수 없다는 점
은 아쉬움으로 남는다.

📍 Jl. Sukma Kesuma, Peliatan, Kecamatan Ubud, Kabupaten Gianyar, Bali 🚶 우붓 왕궁에서 도보 약 20분
🕐 07:00~21:00 ❌ 연중무휴 💰 1회 165,000Rp, 3회(30일 기한) 450,000Rp, 5회(30일 기한) 700,000Rp, 30일
무제한 2,950,000Rp/ 카드 결제 가능 ✈ www.theyogabarn.com 📷 theyogabarn

Vegetarian Food

맛있게 즐기는 채식
우붓의 채식 레스토랑

처음 비건에 관심을 가지게 된 것은 요가를 시작하면서였다. 고등학생
때부터 100% 비건 생활을 해왔다는 요가 선생님의 "식습관을 바꾸면
요가를 더 잘할 수 있다"라는 이야기에 솔깃해져 채식을 시작했다.
그렇게 '어떤 음식을 먹느냐'에 따라 몸이 기분 좋게 예민해져 가는
것을 느꼈다. 육식을 폄하하려는 것도, 완벽한 비건이 되자는 것도
아니다. 가끔이라도 신선한 제철 채소를 먹으면서 몸의 가벼움을
느껴보자는 것이다. 발리 우붓은 "비건의 천국"으로 불릴 정도로
도처에 채식 식당이 있는데, 메뉴도 다양하고 맛도 있다. 우붓에 머무는
동안 한 끼라도 건강한 식사를 경험해보면 어떨까.

Pick 우붓의 채식 레스토랑
· 목사 우붓
· 알케미 발리
· 플랜트 비스트로
· 세이지
· 제스트 우붓
· 사유리 힐링 푸드
· 더 시즈 오브 라이프
· 허브 라이브러리

우붓이 비건의 천국이 된 이유

'어떤 음식을 먹는지가 요가 수행만큼이나 중요하다'라는 생각 때문일까.
'요가의 성지' 우붓에서는 다양한 채식 전문 레스토랑이 성업 중이다.
게다가 일반 레스토랑이라도 비건 옵션이 가능한 곳을 어렵지 않게 찾을
수 있다. 자연에서 나는 제철 재료를 이용하고, 최소의 조리를 통해 재료
본연의 맛을 지키려 하는 점은 거의 동일하다.

나는 어떤 채식주의자일까?

· **플렉시테리언** Flexitarian : 평소 채식을 하지만, 상황에 따라 육식도 하는 자유로운 단계의 채식주의자.
· **폴로** Pollo Vegetarian : 우유, 유제품, 생선, 해산물과 닭고기는 먹고, 붉은 고기는 먹지 않는 채식주의자.
· **페스코** Pescatarian : 육류는 먹지 않지만 생선, 해산물, 우유, 유제품, 달걀은 먹는 채식주의자.
· **락토오보** Lacto-Ovo Vegetarian : 육류, 생선은 먹지 않지만 우유, 유제품, 달걀은 먹는 채식주의자.
· **락토** Lacto Vegetarian : 고기와 달걀은 먹지 않지만 우유, 유제품은 먹는 채식주의자.
· **오보** Ovo Vegetarian : 고기와 우유, 유제품은 먹지 않지만 달걀은 먹는 채식주의자.
· **비건** Vegan : 모든 종류의 고기는 물론 우유와 달걀 등 동물에서 나온 음식과 동물 실험을 거친 음식을 먹지 않는
  엄격한 단계의 채식주의자.

채식 레스토랑에 가기 전, 알아두면 좋은 용어

V　　Vegan : 비건 음식.
R　　Raw : 열을 가하거나 조리하지 않은 자연 상태의 음식.
C　　Cooked : 열을 가해 조리한 음식.
GF　Gluten Free : 글루텐이 들어가지 않은 음식.
G　　Contains Gluten : 글루텐이 들어간 음식.
NF　Nut Free : 견과류가 들어가지 않은 음식.
WF　Wheat Free : 밀가루가 들어가지 않은 음식.
S　　Contains Soy : 콩이 들어간 음식.

목사 우붓 Moksa Ubud
편안한 분위기에서 셰프의 음식을

유기농 텃밭에서 직접 기른 채소를 식탁까지 가져가는 팜 투 테이블(Farm to Table) 방식으로 운영하는 채식 레스토랑. 발리 정통 가옥에서 녹음을 배경 삼아 건강한 식사를 즐기기 좋은 곳이다. 셰프 마데 루나타(Made Lunatha)가 신선한 채소로 만드는 유럽 & 아시안 퓨전 요리는 맛의 균형은 물론이고 플레이팅도 꽤 훌륭하다. 셰프의 메인 메뉴를 조금씩 맛볼 수 있는 목사 샘플러를 추천한다.

Jl. Puskesmas, Sayan, Kec. Ubud, Kabupaten Gianyar, Bali 80571 우붓 왕궁에서 차로 약 8분 10:00~21:00 연중무휴 목사 샘플러(Moksa Sampler) 95,000Rp(미니 라자냐, 아시안 파스타, 미니 피자, 가도가도, 오가닉 샐러드, 수프 포함, 수프는 종류 선택 가능)/ 택스 & 서비스 차지 15% 별도 www.moksaubud.com moksaubud

알케미 발리 Alchemy Bali 우붓점 Ubud
인지도 1위, 비건 다이닝

우드 톤의 편안한 공간에서 채소 기반의 글루텐 프리 음식을 즐길 수 있는 곳. 원하는 토핑을 선택해 나만의 메뉴를 만드는 샐러드 바부터 메인 요리, 맛과 건강을 모두 잡은 디저트까지 제법 다양한 메뉴를 갖추고 있다. 아보카도, 셀러리, 오이, 완두콩 등을 넣어 만든 담백한 채소 밥인 포케 볼을 추천. 레스토랑 한쪽에 식료품 숍을 운영하며 울루와뚜에도 지점이 있다.

Jl. Penestanan Kelod No.75, Sayan, Kec. Ubud, Kabupaten Gianyar, Bali 80571 우붓 왕궁에서 차로 약 12분 07:00~21:00 연중무휴 포케 볼(Poke Bowl) 89,000Rp, 샐러드 바(Salad Bar) 79,000Rp(4개의 토핑과 1개의 드레싱 선택 가능)/ 택스 & 서비스 차지 16% 별도 www.alchemybali.com alchemybali

Food & Drink 03
플랜트 비스트로 Plant Bistro

채식 식당의 신흥 강자

블랑코 미술관 옆 채식 식당. 꽤 많은 계단을 올라 식당에 도착하는 순간 싱그러운 나무로 둘러싸인 풍경이 맞이해준다. 쫄깃 담백한 단호박 뇨키를 추천하며, 젤라토도 유명하니 디저트 배는 따로 남겨놓자.

📍 Blanco Museum Area, Jl. Raya Campuhan, Sayan, Kec. Ubud, Kabupaten Gianyar, Bali 80571 🚶 우붓 왕궁에서 도보 약 15분 ⏰ 08:00~23:00 ❌ 연중무휴 🍴 단호박 뇨키(Gnocchi di Zucca) 74,000Rp, 젤라토(Gelato) 34,000Rp/ 택스 & 서비스 차지 16.6% 별도 📞 +62 812-3754-9476(예약) 📷 plant.bistro

Food & Drink 04
세이지 Sage

유기농 요리부터 홈메이드 디저트까지

우붓 요가 센터»p.81 가까이 위치해 요가 후 간단한 요기를 하기에 좋은 곳. 지역 농장에서 공수해온 유기농 재료를 사용한 퓨전 메뉴를 제공한다. 자매 레스토랑인 벨라 바이 세이지(Bella by Sage)에서는 100% 이탈리언 비건 메뉴를 즐길 수 있다.

📍 Jl. Nyuh Bulan No. 1, Banjar Nyuh Kuning, Ubud, Kec. Gianyar, Kabupaten Gianyar, Bali 80571 🚶 우붓 왕궁에서 차로 약 10분 ⏰ 08:00~21:00 ❌ 연중무휴 🍴 브레키 부리토(Breaky Burrito) 65,000Rp, 베이크드 치즈케이크(Baked Chessecake) 49,000Rp/ 택스 & 서비스 차지 16% 별도 ✈ www.sagebali.com 📷 sagebali

Food & Drink 05
제스트 우붓 Zest Ubud

언덕배기에 위치한 특별한 레스토랑

이 비건 레스토랑에 가야 할 이유는 단연 특별한 공간감 때문이다. 석조 기둥이 돋보이는 넓은 공간부터 언덕배기에 자리해 시원하게 펼쳐진 뷰까지, 이곳의 명당인 창가 자리에 앉아 특별한 채식을 즐겨보자.

📍 Jl. Penestanan No.8, Sayan, Kec. Ubud, Kabupaten Gianyar, Bali 80571 🚶 우붓 왕궁에서 도보 약 13분. 짬뿌한 리지 워크 근처 ⏰ 08:00~22:00 ❌ 연중무휴 🍴 아침 & 브런치 70,000Rp~, 피자 88,000Rp~/ 택스 & 서비스 차지 15% 별도 ✈ www.zestubud.com 📷 zestubud

 Food & Drink 06

사유리 힐링 푸드 Sayuri Healing Food

창의적인 레시피의 로푸드

더 시즈 오브 라이프의 스태프로 일했던 일본인 셰프 사유리가 운영하는 비건 식당. 건강한 식사를 하려는 사람뿐 아니라 쿠킹 클래스, 요가 수업, 요가 음악 등 특별한 프로그램을 즐기는 이들로 늘 활기 넘친다.

📍 Jl. Sukma Kesuma No.2, Peliatan, Kec. Ubud, Kabupaten Gianyar, Bali 80571 🚶 우붓 왕궁에서 도보 약 10분
🕐 08:00~23:00(마지막 주문 22:00) ❌ 연중무휴
🍴 스무디 볼(Smoothie Bowl) 75,000Rp, 너리시 볼(Nourish Bowl) 79,000Rp~/ 택스 & 서비스 차지 15% 별도 ✈ www.sayurihealingfood.com 📷 sayuri_healing_food

 Food & Drink 07

더 시즈 오브 라이프 The Seeds of Life

로푸드 레스토랑의 정석

정제되지 않은 식재료를 사용하고 최소한의 온도(48℃ 이하)로 조리해 재료 고유의 영양소를 섭취할 수 있는 로푸드(Raw Food)를 지향하는 비건 레스토랑이다. 샐러드, 타코 등의 요리를 창의적으로 선보인다. 어소티드 노리 롤(Assorted Nori Rolls)은 신선한 채소의 맛이 조화롭게 어우러진다.

📍 Jl. Gootama No.2, Ubud, Kec. Ubud, Kabupaten Gianyar, Bali 80571 🚶 우붓 왕궁에서 도보 약 3분 🕐 08:00~22:00(마지막 주문 21:00) ❌ 연중무휴 🍴 어소티드 노리 롤(Assorted Nori Rolls) 77,000Rp/ 택스 & 서비스 차지 15% 별도 ✈ www.theseedsoflifecafe.com 📷 theseedsoflifebali

Food & Drink 08

허브 라이브러리 Herb Library

비건과 논비건을 모두 만족시키다

발리 분위기가 물씬 나는 인테리어와 친절한 서비스가 인상적인 곳. 메뉴판에 비건, 베지테리언, 글루텐 프리 등을 잘 표시한 세심함이 돋보이며, 치킨, 생선 등의 메뉴도 있어 비건이 아니어도 부담 없이 방문할 수 있다.

📍 Jl. Jembawan, Ubud, Kec. Ubud, Kabupaten Gianyar, Bali 80571 🚶 우붓 왕궁에서 도보 약 10분 🕐 07:00~23:00
❌ 연중무휴 🍴 베지 헬시 누들 팟 타이(Veggie Healthy Noodles Pad Thai) 59,000Rp/ 택스 & 서비스 차지 21% 별도 ✈ www.herblibraryubud.com
📷 herblibrarybali

Theme 03

Activity Guide

움직이는 즐거움은 이런 것 우붓 액티비티 가이드

어떤 장소를 알고 기억하는 데 직접 보고 체험하는 것보다 더 좋은 방법은 없다. 섬의 내륙에 위치한 우붓에서는 비록 바다는 볼 수 없지만 조금만 외곽으로 나가면 웅장한 산과 논, 강을 만날 수 있다. 이른 아침 산을 오르고 해돋이를 감상하는 바투르산 일출 트래킹부터 짜릿한 스릴을 만끽하는 아융강 래프팅, 자전거를 타고 시골길을 돌아보는 자전거 투어까지 발리의 자연을 보다 가까이에서 몸소 느낄 수 있는 우붓 액티비티를 소개한다.

Pick 우붓에서 즐기기 좋은 액티비티

- 바투르산 일출 트래킹 투어
- 아융강 래프팅
- 발리 자전거 투어

Tips 우붓 액티비티 예약 방법

· 현지 여행사는 우붓의 메인 거리인 잘란 라야
  우붓(Jl. Raya Ubud)에 몰려 있다. 업체마다
  가격이 다르니 비교해볼 것.
· 한국에서 온라인 액티비티 플랫폼을 통해
  예약해도 좋다. 단, 홀로 투어에 참여한다면
  프라이빗 투어 요금으로 지불해야 하는 경우가
  많아 현지보다 비싸다는 점을 감안하자.

한국에서 예약하세요!

· 클룩 www.klook.com
· 마이리얼트립 www.myrealtrip.com

우붓 현지 여행사

아르타 투어 Arta Tour & Service
📍Jl. Raya Ubud, Ubud, Kec. Ubud,
  Kabupaten Gianyar, Bali 80571
📞+62 881-0383-75574

Activity 01   *Mount Batur Sunrise Trekking Tour*

험준한 산을 올라 마주한 신비로운 아침
바투르산 일출 트래킹 투어

우붓에서 액티비티를 단 하나만 한다면 바투르산 일출 트래킹을
추천한다. 활화산인 바투르산은 해발 1717m 높이로 환상적인 일출을
감상할 수 있는 최고의 명소로 손꼽힌다. 투어를 신청하면 10~15명이 한
팀으로 움직이는데, 팀의 선두와 후미에 가이드가 한 명씩 위치해 함께
이동한다. 이른 새벽에 출발해 2시간가량 오르막길을 올라야 하지만,
웅장한 산세 속에서 뜨겁게 떠오르는 태양은 가히 경이롭고 아름답다.
조금 더 강도 높은 트래킹을 원한다면 해발 3142m 높이의 아궁산 일출
트래킹에 도전해보자. 체력에 자신이 없다면 사륜구동 지프를 타고
바투르산 일출 포인트까지 가는 투어를 선택하는 것도 방법이다.

02:00~02:30	숙소 픽업 후 출발 포인트로 이동.
03:30	간단한 아침 식사.(바나나 튀김. 커피와 차 제공.)
03:45	가이드 미팅. 투어에 대한 간략한 설명을 해준다.(헤드 랜턴 대여 및 물과 간단한 도시락 제공.)
04:00	바투르산 트래킹 시작.
06:00~06:30	정상 도착. 일출 감상 후 간단한 도시락으로 식사.
07:30~08:00	하산.
09:00	숙소로 가기 전, 커피 농장 견학.
10:00~10:30	숙소로 복귀.

예약 방법 : 발리 현지 여행사 또는 클룩(Klook)에서 예약.

준비물 : 운동화 또는 트래킹화, 얇은 바람막이 또는 재킷, 헤드 랜턴(대여 가능) 등.

난이도 : ★★★★

소요 시간 : 8~10시간 소요.(지역마다 숙소 픽업 시간 상이.)

요금 : 현지 여행사에서 예약 시 1인 350,000Rp~, 클룩에서 예약 시 1인 663,000Rp~.

특별하게 즐기는 열대 우림 풍경
아융강 래프팅

아융강 래프팅은 우붓에서 가장 인기 있는 액티비티 중 하나다. 래프팅
업체마다 시작점이 다르긴 하지만 대부분 래프팅을 하는 곳까지
험준한 길을 15~20분 정도 걸어야 한다. 그럼에도 자연 그대로의
모습을 간직하고 있는 열대 우림 속에서 급류를 타는 경험은 짜릿하다.
보통 2시간 정도 진행하는 래프팅을 즐기며 발리의 하늘과 숲과 강이
어우러진 그림 같은 풍경도 감상해보자. 강도 높은 모험을 원한다면
급류가 센 뜨라가와자강(Telaga Waja River) 래프팅을 신청해보는 것도
좋겠다.

투어 일정

· 일정은 현지 상황 및 투어 업체에 따라 달라질 수 있다.

(08:30~09:00)	숙소 픽업 후 래프팅 업체로 이동.
(09:30~10:00)	도착 후 환복. 래프팅 준비.
(10:00~12:00)	간단한 안전 교육. 래프팅 시작.
(12:00~13:00)	샤워 후 점심 식사.
(13:30~14:00)	숙소로 복귀.

예약 방법 : 발리 현지 여행사 또는 클룩(Klook)에서 예약.

준비물 : 수영복, 티셔츠와 반바지, 갈아입을 여분의 옷, 모자, 아쿠아 슈즈, 휴대폰 방수 팩, 선크림 등.

난이도 : ★★★

소요 시간 : 4~5시간 소요. (지역마다 숙소 픽업 시간 상이.)

요금 : 현지 여행사에서 예약 시 1인 250,000Rp~, 클룩에서 예약 시 1인 602,500Rp~.

Activity 03   *Bali Cycling Tour*

발리의 시골을 가장 가깝게 만나는 방법
발리 자전거 투어

발리의 때 묻지 않은 시골길과 발리인들의 삶을 보다 가까이에서 보고
느낄 수 있는 투어. 바투르산이 한눈에 보이는 킨타마니(Kintamani)
마을의 목가적인 풍경은 평화롭기 그지없다. 전문 가이드가 선두에서
자전거를 타고 투어를 진행하는데, 혹시 모를 사고를 대비해 보조
가이드와 차량이 일행 뒤에서 동행한다. 대부분의 길이 평탄한 편이지만
중간중간 내리막과 오르막이 있어 자전거를 안정적으로 탈 수 있는
사람에게 적합하며, 상대적으로 편안한 액티비티를 원한다면 전기
자전거 투어도 눈여겨보자.

투어 일정

· 일정은 현지 상황 및 투어 업체에 따라 달라질 수 있다.

08:30~09:00	숙소 픽업.
09:30	트갈라랑 라이스 테라스 방문.
09:45~10:30	커피 농장 견학.
11:30~14:00	자전거 투어.
14:00	우드카빙 워크숍 방문.
14:30	점심 식사.
15:30~16:00	숙소로 복귀.

예약 방법 : 발리 현지 여행사 또는 클룩(Klook)에서 예약.

준비물 : 운동화 혹은 트래킹화, 모자, 선글라스, 선크림, 우비 등.

난이도 : ★★★☆

소요 시간 : 6~8시간.(지역마다 숙소 픽업 시간 상이.)

요금 : 현지 여행사에서 예약 시 1인 250,000Rp~, 클룩에서 예약 시 1인 375,000Rp~.(단 2인 이상만 예약 가능.)

Cooking Class

장보기부터 인도네시안 요리까지
우붓 쿠킹 클래스

음식만큼 그 나라의 문화를 이해하는 데 중요한 것도 없다. 수천 개의
섬으로 이루어진 인도네시아, 그것도 다양한 인종과 문화가 공존하는
이 나라에 왔으니 전통 음식을 맛보는 것은 당연지사. 현지 음식을
판매하는 식당인 와룽(Warung)이나 레스토랑에 가서 먹는 것도 좋지만
내 손으로 직접 만들어보면 어떨까.
물론 태국, 베트남 등 다른 동남아의 음식에 비해 아직 우리에게 낯설
수도 있다. 하지만 인도네시아의 대표 길거리 음식인 사테부터 가장
대중적인 메인 요리인 볶음 국수 미고렝까지 스스로 만들어 맛보는
경험은 특별하고도 가치가 있다. 채식의 천국답게 건강한 식재료를
기반으로 한 쿠킹 클래스도 열려 취향에 맞게 선택할 수 있다.

쿠킹 클래스 일정

· 일정 및 메뉴는 투어 업체에 따라 달라질 수 있다.

08:00~08:30 **픽업**

· 지역마다 픽업 시간 상이.

숙소에서 픽업 후 우붓 시장으로 이동.

08:45~09:15 **우붓 시장 투어**

오전 클래스의 경우 우붓 시장 투어부터 시작한다.
쿠킹 클래스에 사용할 재료를 직접 구매하지는
않지만 시장을 돌아보며 인도네시아 식재료를
구경하고 설명을 듣는다.

09:30~11:30 **쿠킹 클래스 시작**

식탁에 모여 앉아 간단한 웰컴 드링크를 마시면서
그날 만들 음식에 대한 간단한 설명을 듣는다. 수업은
영어로 진행하며, 메뉴는 베지테리언과 논베지테리언으로
나뉜다.(베지테리언의 경우 사전에 신청하면 된다.)
발리 전통 소스, 애피타이저(ex. 닭꼬치구이), 메인 요리
(ex. 미고렝) 등의 메뉴를 재료 손질부터 레시피까지 셰프가
먼저 시범을 보이면 각자의 자리에 가서 만드는 방식으로
진행한다. 셰프와 보조 셰프가 옆에서 도움을 주므로 요리가
처음이거나 서툰 사람도 쉽게 따라 할 수 있다.

12:00 **점심 식사**

손수 만든 음식으로 점심 식사를 하며, 그날 만든
요리에 대한 레시피 출력물과 웹 링크를 제공한다.

13:00~14:00 **숙소 복귀**

케투츠 발리 쿠킹 클래스 (작가 추천)

Ketut's Bali Cooking Class
타 지역에서 일부러 찾아올 정도로 만족도가 높은 쿠킹
클래스를 선보인다. 모든 메뉴를 직접 만드는 것이
특징이며 유머 감각 넘치고 유쾌한 셰프도 이곳의
매력에 한몫한다.

- 📍 Jl. Laplapan Banjar Laplapan Ubud, Pejeng Kawan,
  Kec. Tampaksiring, Kabupaten Gianyar, Bali 80571
- 📷 ketutsbalicookingclass
- 🏷 1인 350,000Rp.
- 📧 왓츠앱(+62 821-4488-4011) 또는 클룩(Klook)에서 예약.
- ⏳ 5~6시간 소요.(지역마다 숙소 픽업 시간 상이.)

목사 우붓 쿠킹 클래스

Moksa Ubud Cooking Class
셰프 마데 루나타(Made Lunatha)의 지휘하에 채소 본연의
형태와 맛에 집중하는 요리를 만든다. 수업은 소규모의
인원으로 진행되며 가격은 타 업체에 비해 비싼 편.

- 📍 Ubud II Kutuh, Jl. Puskesmas, Sayan, Kec.
  Ubud, Kabupaten Gianyar, Bali 80571
- 📷 moksaubud
- 🏷 1인 1,500,000Rp.
- 📧 메일(info@moksaubud.com)로 예약.
- ⏳ 4~5시간 소요.

미고렝(Balinese Fried Noodle)

아얌 분부 발리(Balinese Chicken Curry)

사테 아얌 소스 카캉
(Chicken Satay with Peanut Sauce)

코락 피상(Braised Banana Saba in Palm Sugar Gravy)

페페스 이칸(Grill Fish in Banana Leaf)

Viewpoints in Ubud

우붓의 논밭 뷰를 즐기는 방법

우리네 '시골 풍경'과 비슷한 '논밭 뷰'라는 용어가 어색할 수도
있지만, 이제 우붓 하면 논밭 뷰를 떠올릴 정도로 우붓의 상징이
되었다. 이는 발리인의 약 60%가 논농사를 짓는 농업 사회라는
사실에서 출발한다. 발리는 비옥한 토양과 열대 기후를 가지고 있어
논농사를 짓기에 최적의 환경이다. 구릉지가 많아 경사가 있는 땅을
계단식으로 개간하고, 논 중심에 위치한 사원으로 수로를 연결해
논에 물을 대기 시작했다. 즉 사원에 모인 물을 효율적으로 분배해
논으로 흘려보내는 수박(Subak)이라는 발리만의 독특한 관개 시스템을
탄생시킨 것이다. 수박은 "행복의 근거는 신과 인간과 자연의 조화로운
관계에 있다"라는 힌두 철학에서 기인한 것으로, 발리의 논은 단순히
자연이기 이전에 삶이자 문화이자 신앙의 터이기도 하다.

Pick 우붓의 논밭 뷰 스폿
· 발리 스윙
· 트갈라랑 라이스 테라스
· 짬뿌한 리지 워크
· 카젱 라이스 필드
· 밤부 키친 우붓

발리 스윙 Bali Swing

우붓을 대표하는 계단식 논

울창하게 우거진 녹음과 아름다운 계단식 논밭 뷰를 배경 삼아 공중 그네를 타는 액티비티. 끝없이 펼쳐진 푸른 라이스 필드 뷰에서 그네를 타고 있자면 무서움도 잠시 참게 된다. 원조 발리 스윙이 있지만 비슷한 콘셉트의 타 업체와 별반 차이가 없으니 가격과 리뷰 등을 비교해서 선택하자. 아침 시간대에 방문하면 기다림 없이 그네를 타며 사진을 찍을 수 있다.

주소: 업체마다 상이.
예약 방법: 클룩(Klook)에서 예약.
소요 시간: 약 1시간.
요금: 1인 175,000Rp~, 드레스 대여 비용 (150,000Rp~)은 별도.

트갈라랑 라이스 테라스 Tegalalang Rice Terrace

우붓을 대표하는 계단식 논

우붓의 상징이라고 할 수 있는 진한 초록빛 계단식 논과 울창한 열대 우림의 나무들이 어우러진 풍경을 감상할 수 있는 장소. 또한 발리의 전통 관개 시스템인 수박(Subak)을 볼 수 있는 곳이기도 하다. 워낙 유명한 관광지다 보니 호객 행위가 있기는 하지만 마음까지 정화되는 논밭 뷰의 카페를 골라 커피 한잔의 여유를 즐겨보자.

📍 Jl. Raya Tegalalang, Tegalalang, Kec. Tegalalang, Kabupaten Gianyar, Bali 80561 🚶 우붓 왕궁에서 차로 약 30분
🕐 08:00~18:00 ❌ 연중무휴
💲 25,000Rp~

◎ Sightseeing 02

짬뿌한 리지 워크 Campuhan Ridge Walk
우붓 시내에 자리한 트래킹 길

트래킹을 즐기며 푸르른 자연을 눈에 담고 싶다면 가봐야 할 곳이다. 초입부 길이 헷갈릴 수 있으니 구글 맵스로 위치를 확인하자. 오르막길을 걷다 보면 평지로 이어지며 음식점, 카페, 상점, 스파 등이 나온다. 한낮보다는 이른 아침이나 해 질 녘에 걸을 것.

📍 Kelusa, Payangan, Jl. Raya Campuhan, Sayan, Kec. Ubud, Kabupaten Gianyar, Bali 80571 🚶 우붓 왕궁에서 도보 약 10분 🕐 24시간 ✖ 연중무휴 🏷 무료

◎ Sightseeing 03

카젱 라이스 필드 Kajeng Rice Field
시내와 가까운 고요한 논밭 산책길

우붓 시내에서 약 10분만 걸어 들어가면 시원하게 펼쳐진 푸른 논밭을 만나볼 수 있는데, 바로 카젱 라이스 필드다. 주변에 숙소, 카페, 레스토랑 등이 자리하며 트갈라랑 라이스 테라스에 비해 덜 붐비고 조용한 편이라 여유로운 산책을 즐기기에 그만이다.

📍 Jl. Kajeng No.88, Ubud, Kec. Ubud, Kabupaten Gianyar, Bali 80571 🚶 우붓 왕궁에서 도보 약 12분 🕐 24시간 ✖ 연중무휴 🏷 무료

⊗ ⊕ Food & Drink 09

밤부 키친 우붓 Bamboo Kitchen Ubud
나만 알고 싶은 비밀 스폿

우붓의 논밭 뷰 레스토랑 중 가장 추천하고 싶은 곳. 우붓 시내에서 다소 떨어져 있고 좁은 논길을 계속 지나야 하지만, 어느 순간 커다란 대나무 건물이 눈앞에 나타난다. 음식도 만족할 만하다. 우붓 시내에서 찾아간다면 차보다는 바이크를 추천.

📍 Jl. Bangkiang Sidem No.8, Keliki, Kec. Tegalalang, Kabupaten Gianyar, Bali 80571 🚶 우붓 왕궁에서 차로 약 20분 🕐 08:00~19:00 ✖ 연중무휴 🍴 미고렝(Mi Goreng) 43,000Rp, 프라이드 롤 바나나(Fried Roll Banana) 30,000Rp, 주스 22,000~25,000Rp 📷 bambookitchen_ubud

숲과 왕궁, 사원, 미술관을 둘러보고 있노라면 우붓에 해변이 없다는 사실은 큰 문제가 되지 않는다. 채식의 성지라지만 현지식부터 한식, 퓨전 요리까지 만날 수 있고, 전통 시장과 마트, 개성 있는 숍들은 지갑을 가볍게 만든다.

Best Spots in Ubud

우붓 추천 스폿

 Sightseeing

Food & drink

 Shopping

우붓 원숭이 숲 Sacred Monkey Forest Sanctuary
원숭이와 교감할 수 있는 숲

우붓 시내에서 인기 많은 관광지 중 하나. 메인 거리인 잘란 몽키 포레스트 남쪽에 위치한다. 12만 5000㎡ 규모의 울창한 숲에 둘러싸인 이곳에는 약 600마리의 꼬리 긴 발리 원숭이가 서식하고 있다. 몇 가지 주의사항만 잘 지킨다면 자유롭게 숲을 활보하는 원숭이의 모습을 눈과 사진으로 담을 수 있다.

📍 Jl. Monkey Forest, Ubud, Kec. Ubud, Kabupaten Gianyar, Bali 80571
🚶 우붓 왕궁에서 차로 약 10분, 도보 20분 🕐 09:00~18:00(마지막 입장 17:00)
❌ 연중무휴 💵 평일 어른 80,000Rp 어린이 60,000Rp/ 주말 어른 100,000Rp 어린이 80,000Rp ✈ www.monkeyforestubud.com
📷 monkeyforestsanctuaryubud

Tips 주의사항

01 겁먹지 않고, 뛰지 않기
원숭이가 다가오더라도 소리 지르거나 당황하지 말고 천천히 걷는다.

02 원숭이의 눈을 보지 않기
원숭이의 눈을 쳐다보는 것은 공격의 신호이므로 보지 않는 것이 좋다.

03 음식물 감추지 않기
음식을 감추려 하면 원숭이들이 숨긴 것을 찾으려고 더 가까이 다가온다.

04 비닐봉지 혹은 종이 백 가지고 다니지 않기
원숭이는 호기심이 많기 때문에 두 손에 아무것도 들지 않는 편이 좋다.

05 귀중품은 눈에 띄지 않게 하기
선글라스, 귀고리, 액세서리, 모자 등을 잘 챙긴다. 입구 한쪽에 자리한 물품 보관소에 소지품을 맡기는 것을 추천한다.

◉ Sightseeing 05

우붓 왕궁 Ubud Palace

우붓의 왕들은 어떤 곳에 살았을까

푸리 사렌 아궁(Puri Saren Agung)이 정식 명칭으로, 1640년에 처음 지었으나 1917년에 발생한 지진으로 대부분 파괴되어 1928년에 재건축했다. 왕궁치고 규모는 작지만 보존 상태가 좋으며 발리의 전통 건축 양식을 볼 수 있다. 매일 저녁, 발리의 전통 공연인 레공 댄스, 바롱 댄스 시연이 열린다.

📍 Jl. Raya Ubud No.8, Ubud, Kec. Ubud, Kabupaten Gianyar, Bali 80571 🏃 잘란 라야 우붓에 위치 🕐 07:00~17:00 ❌ 연중무휴 💰 무료. 레공/바롱 댄스 티켓 100,000Rp

◉ Sightseeing 06

우붓 워터 팰리스 Ubud Water Palace

물의 정원에서 연꽃 감상

1952년에 지은 힌두 양식의 사원으로 학문, 문학, 예술의 여신인 사라스바티(Sarasvati)를 기리기 위해 건축했다. '사라스와티 사원'에서 현재의 이름으로 바뀌었다. 규모는 아담하지만 연꽃 가득한 연못을 배경으로 사진을 찍거나 연못 옆에 위치한 스타벅스에서 쉬어가기 좋다.

📍 Jl. Kajeng, Ubud, Kec. Ubud, Kabupaten Gianyar, Bali 80571 🏃 우붓 왕궁에서 도보 3분 🕐 08:00~19:30 ❌ 연중무휴 💰 성인 50,000Rp, 어린이 35,000Rp(입장료 및 의상 대여 비용 포함) ✈ www.ubudwaterpalace.com

◉ Sightseeing 07

아궁 라이 뮤지엄 오브 아트
Agung Rai Museum of Art

발리 예술의 허브

발리의 예술과 문화를 보존하는 데 앞장섰던 미술 수집가 아궁 라이(Agung Rai)가 1996년에 설립한 미술관. 2개의 전시관에선 인도네시아 작가들의 작품뿐만 아니라 발리에서 활동했던 외국 작가들의 다양한 컬렉션도 만나볼 수 있다. 리조트, 레스토랑도 함께 운영한다.

📍 Jl. Raya Pengosekan Ubud, Ubud, Kec. Ubud, Kabupaten Gianyar, Bali 80571 🏃 우붓 왕궁에서 차로 약 10분 🕐 09:00~18:00 ❌ 연중무휴 💰 150,000Rp(커피 또는 차 포함/ 7세 이하 어린이는 무료) ✈ www.armabali.com/collection 📷 arma.bali

피손 우붓 Pison Ubud
깔끔한 분위기에서 즐기는 브런치

예약을 하지 않으면 늘 줄을 서야 할 정도로 우붓에서 인기 많은 브런치집 중 하나다. 이곳에선 자리를 고를 때부터 즐거운 고민이 시작된다. 대나무를 엮어 만든 천장이 인상적인 실내는 쾌적하고, 논밭 뷰가 한눈에 들어오는 야외 좌석은 풍경을 즐기기에 제격이다. 아시안 음식과 서양 요리를 결합한 퓨전 메뉴가 주를 이루는데 유명세에 비해 맛은 평범한 편. 음식 맛보다는 분위기를 중요하게 여기는 사람에게 추천한다. 스미냑에도 지점이 있다.

📍 Jl. Hanoman No.10X, Ubud, Kec. Ubud, Kabupaten Gianyar, Bali 80571 🚶 우붓 왕궁에서 도보 약 19분 🕐 07:00~23:00
❌ 연중무휴 🍴 아침 식사 60,000Rp~, 메인 메뉴 75,000Rp~/
택스 & 서비스 차지 16.5% 별도 📞 +62 813-3774-9328
📷 pison.ubud

타코 피에스타 발리 Taco Fiesta Bali
맛도 서비스도 음악도 별 다섯

아담하고 캐주얼한 멕시칸 레스토랑. 이곳이 구글 맵스 리뷰에서 늘 높은 평점을 받는 이유는 항상 웃으며 반겨주는 친절한 직원들과 그에 버금가는 맛 때문이다. 멕시코 대표 음식인 타코, 파이타, 케사디야는 향신료의 맛이 강하지 않고 간도 적당해 호불호가 없으며, 입맛을 돋우는 간단한 애피타이저를 무료로 제공한다. 이곳에선 무조건 2층에 자리를 잡자. 매주 화요일과 토요일 저녁에는 라이브 공연이 열리는데, 바로 2층 좌석에서 관람 가능하다.

📍 Jl. Bisma No.33, Ubud, Kec. Ubud, Kabupaten Gianyar. Bali 80571 🚶 우붓 왕궁에서 도보 약 10분
🕐 10:45~22:45 ❌ 연중무휴 🍴 스모크 파이타(Smoked Fajitas) 치킨 75,000Rp, 비프 78,000Rp, 슈림프
80,000Rp, 베지 66,000Rp 📷 taco_fiesta_bali

✖ 🍴 Food & Drink 12

무드라 카페 Mudra Cafe

우붓 맛집 거리 고타마 스트리트에선!

대나무로 장식한 천장과 실내 공간은 발리 특유의 분위기를 물씬 풍긴다. 아침 식사로 인기 있는 스무디 볼부터 한 끼 식사로 충분한 커리, 파스타까지 메뉴가 다채롭다. 다양한 워크숍과 라이브 공연이 열리는 것도 이곳만의 매력.

📍 Jl. Goutama Sel. No.21, Ubud, Kec. Ubud, Kabupaten Gianyar, Bali 80571 🚶 우붓 왕궁에서 도보 약 8분 🕐 08:30~22:00 ✖ 연중무휴 🍴 스무디 볼(Smoothie Bowl) 80,000~95,000Rp, 투나 포케 포케(Tuna Poke Poke) 120,000Rp, 비빔밥(Bibimbap) 90,000Rp/ 택스 & 서비스 차지 15% 별도 ✈ www.mudracafe. com 📷 mudracafe(공연 정보)

✖ 🌐 Food & Drink 13

문 바이 선 Moon by Sun

구글 평점 4.9 브런치 맛집

아침 일찍 일어났는데 배가 출출하다면 이곳으로 가자. 건강을 최우선시하는 이들을 위한 아침 식사와 브런치 메뉴를 선보이는데, 샌드위치, 버거, 타코, 스시 등이 있다. 근처에 래디언틀리 얼라이브 요가원»p.80이 있어 요가 수련 후 방문해도 좋다.

📍 Jl. Jembawan No.2, Ubud, Kec. Ubud, Kabupaten Gianyar, Bali 80571 🚶 우붓 왕궁에서 도보 약 8분 🕐 07:30~22:00 ✖ 연중무휴 🍴 멜티드 치즈 앤 베지 샌드위치(Melted Cheese & Veggie Sandwich) 70,000Rp/ 택스 & 서비스 차지 15% 별도 📷 moonbysunbali

✖ 🌐 Food & Drink 14

카페 포메그라네이트 Cafe Pomegranate

우붓 No.1 일몰 맛집

우붓 시내에서 가기에는 자동차 길이 없어 바이크나 도보 이동만 가능하지만, 일몰 맛집이라 방문할 가치는 충분하다. 논밭 뷰의 좌식 자리는 석양을 감상하기에 최고의 명당. 피자, 타코, 커리 등이 주메뉴이고, 비건을 위한 옵션도 있다.

📍 Jl. Subak Sok Wayah, Ubud, Kec. Ubud, Kabupaten Gianyar, Bali 80571 🚶 우붓 왕궁에서 도보 약 22분 🕐 09:00~21:00 ✖ 연중무휴 🍴 타코 볼(Taco Bowl) 60,000~68,000Rp, 피자 (Pizza) 69,000~78000Rp/ 택스 & 서비스 차지 15% 별도 ✈ www. cafepomegranate.org 📷 cafe_pomegranate_ubud

 Food & Drink 15

선선 와룽 Sun Sun Warung

웨이팅이 아깝지 않는 발리 전통 요리 식당

같은 주인이 운영하는 문 바이 선»p.108 바로 옆 식당. 합리적인 가격과 호불호 드문 맛, 발리 전통 분위기 덕분에 넓은 가게가 늘 북적인다. 첫 방문이라면 인기 메뉴 나시참푸르를 추천한다. 예약을 받지 않아 식사 시간에 방문하면 30분 이상의 웨이팅은 기본.

📍 Jl. Jembawan No.2, Ubud, Kec. Ubud, Kabupaten Gianyar, Bali 80571 🚶 우붓 왕궁에서 도보 약 8분 🕐 11:00~21:00 ❌ 연중무휴 🍴나시참푸르(Nasi Campur) 40,000~42,000Rp/ 택스 & 서비스 차지 15% 별도 📷 sunsunwarung

 Food & Drink 16

엔젤 와룽 Angel Warung

깔끔한 인테리어와 부담 없는 가격

인도네시아 요리 전문점으로, 안 가본 사람은 있어도 한 번만 간 사람은 없을 만큼 장기 여행자들이 즐겨 찾는 숨은 맛집이다. 대부분의 요리가 맛있지만, 그중에서도 구운 새우와 밥, 채소가 함께 나오는 그릴 프라운 위드 베지터블 앤 라이스를 추천한다.

📍 Jl. Sandat No.13, Taman Kelod, Kec. Ubud, Kabupaten Gianyar, Bali 80571 🚶 우붓 왕궁에서 도보 약 7분 🕐 10:00~22:00 ❌ 연중무휴 🍴그릴 프라운 위드 베지터블 앤 라이스(Grill Prawns with Vegetable and Rice) 85,000Rp
📷 angelwarungbali

 Food & Drink 17

와룽 크리스나 Warung Krisna

단골이 되고 싶은 발리 가정식 밥집

10명 남짓 들어가면 가득 찰 정도로 소박한 로컬 식당이지만 엄마가 만든 듯한 발리 가정식을 맛볼 수 있다. 대체로 간이 세지 않고 한국인의 입맛에도 친숙하며 가격까지 저렴하다. 점심부터 영업을 하니 참고할 것.

📍 Jl. Sandat No.8, Ubud, Kec. Ubud, Kabupaten Gianyar, Bali 80571 🚶 우붓 왕궁에서 도보 약 8분 🕐 13:00~22:00 ❌ 연중무휴 🍴미고렝(Mie Goreng) 36,000Rp, 나시고렝(Nasi Goreng) 34,000~38,000Rp 📷 warung_krisna

🍴 🏵 Food & Drink 18

와룽 마칸 부 루스 Warung Makan Bu Rus
마성의 폭립 맛집

우붓의 메인 거리, 잘란 라야 우붓과 가까운 이곳은 단순히 위치가 좋아서 인기 있는 것이 아니다. 발리 전통 가옥에서 각양각색의 인도네시안 요리와 인기 메뉴인 폭립을 부담 없는 가격에 맛볼 수 있기 때문이다. 치킨 사테, 미고렝, 나시고렝도 맛있다.

📍 Jl. Suweta No.9, Ubud, Kec. Ubud, Kabupaten Gianyar, Bali 80571 🚶 우붓 왕궁에서 도보 약 3분 🕐 11:00~21:30 ❌ 연중무휴 🍴 이가 바카르 비비큐(Iga Bakar BBQ) 78,000Rp, 나시고렝 35,000~46,000Rp 📷 warungmakanburus

🍴 🏵 Food & Drink 19

와룽 풀라우 켈라파 Warung Pulau Kelapa
녹음 속에서 즐기는 맛있는 폭립

대형 레스토랑이지만 편안한 분위기 덕분에 혼자 가도 부담 없는 인도네시아 식당. 입구 근처 야외 자리는 시끄러울 수 있으니 조용하게 식사하고 싶다면 가게 안쪽의 테라스 좌석에 앉자. 달콤한 소스를 듬뿍 바른 부드러운 등갈비 바비큐, 이가 바비 바카르가 인기 메뉴.

📍 Jl. Raya Sanggingan, Lungsiakan, Kec. Ubud, Kabupaten Gianyar, Bali 80571 🚶 우붓 왕궁에서 차로 약 8분 🕐 10:00~23:00 ❌ 연중무휴 🍴 이가 바비 바카르(Iga Babi Bakar) 150,000Rp(밥 별도 10,000Rp)/ 택스 & 서비스 차지 15% 별도 ✈ www.warungpulaukelapa.com 📷 warungpulaukelapa.ubud

🍴 🏵 Food & Drink 20

와룽 폰독 마두 Warung Pondok Madu
한국인에게 꽤 유명한 폭립 전문점

전통 BBQ 소스부터 인도네시아 칠리 페이스트, 삼발 소스까지 여러 가지 양념 맛의 폭립을 맛볼 수 있는 식당. 음식이 나오는 데까지 시간이 꽤 걸리는 편이니 왓츠앱을 통해 미리 주문하고 방문하는 것을 추천한다.

📍 Jl. Jatayu Tebesaya, Peliatan, Kec. Ubud, Kabupaten Gianyar, Bali 80571 🚶 우붓 왕궁에서 도보 약 19분 🕐 08:00~23:00 ❌ 연중무휴 🍴 나시고렝 이가(Nasi Goreng Iga, 나시고렝과 폭립 1인 메뉴) 82,000Rp/ 택스 & 서비스 차지 15% 별도 ✈ www.warungpondokmadu.com 📞 +62 819-1666-3602(예약 가능) 📷 warungpondokmadu

 Food & Drink 21

와룽 망가 마두 Warung Mangga Madu

현지인 추천 닭 요리 맛집

음식은 소박한 편이나 맛있다. 닭 요리를 특히 잘하
는데, 닭다리를 매콤달콤한 소스로 양념해서 구운
아얌 바카르 마두는 잃었던 입맛도 되살리는 맛이다.

📍 Jl. Gunung Sari No.1, Peliatan, Kec. Ubud, Kabupaten
Gianyar, Bali 80571 🚶 우붓 왕궁에서 도보 약 13분
🕐 09:00~21:00 ❌ 연중무휴 🍴 아얌 바카르 마두(Ayam Bakar
Madu) 41,000Rp 📷 warungmanggamadu

 Food & Drink 23

사투 망콕 Satu Mangkok

한 그릇의 맛있는 한식

맛있고 정갈한 한식을 합리적인 가격으로 즐길 수
있는 곳. 실내는 1층의 테이블 자리와 2층의 좌식 공
간으로 나뉘는데, 편하게 좌식으로 앉아 식사를 하
고 싶다면 2층 자리를 추천한다.

📍 Jl. Sukma Kesuma Kabupaten No.17, Peliatan, Kec. Ubud,
Kabupaten Gianyar, Bali 80571 🚶 우붓 왕궁에서 도보 약 13분
🕐 11:00~22:00 ❌ 연중무휴 🍴 비빔밥 40,000Rp,
김치비빔국수 53,000Rp 📷 satumangkok_ubud

 Food & Drink 22

멜팅 웍 와룽 Melting Wok Warung

프랑스인 셰프의 아시안 퓨전 요리

'오늘의 메뉴', '박소' 등의 메뉴가 있지만, 대부분이
커리를 고른다. 커리는 밥과 면, 코코넛 소스, 닭고기
부터 두부까지 재료를 선택할 수 있다.

📍 Jl. Goutama No.13, Ubud, Kec. Ubud, Kabupaten Gianyar,
Bali 80571 🚶 우붓 왕궁에서 도보 약 5분 🕐 10:00~22:00
❌ 연중무휴 🍴 코코넛 소스 커리 누들(Sauted Wok Curry
Noodles with Coconut Sauce) 65,000Rp/ 현금 결제만 가능
📷 meltingwokwarung

 Food & Drink 24

기무 라멘 Kimu Ramen

느끼한 음식에 질렸다면!

일본식 라멘, 치킨, 밥, 3가지 메뉴만 판다. 인기 메뉴
는 기무 라멘인데, 해물 짬뽕에 가깝다. 공간이 워낙
협소해 식사 시간에는 웨이팅이 기본.

📍 Jl. Goutama Sel. No.2, Ubud, Kec. Ubud, Kabupaten
Gianyar, Bali 80571 🚶 우붓 왕궁에서 도보 약 7분
🕐 11:30~23:00 ❌ 연중무휴 🍴 기무 라멘 오리지널(Kimu
Ramen Original) 89,000Rp/ 택스 & 서비스 차지 15% 별도

🍴☕ Food & Drink 25

스니만 커피 Seniman Coffee
크레마 가득한 질소 커피 맛집

인도네시아 스페셜티 커피 브랜드 스니만에서 운영
하는 카페다. 부드러운 맛과 거품을 자랑하는 질소 커
피, '콜드브루 니트로'가 대표 메뉴.

📍Jl. Sriwedari No.5, Banjar Taman, Kec. Ubud, Kabupaten
Gianyar, Bali 80571 🚶우붓 왕궁에서 도보 약 5분
🕐07:30~22:00 ❌연중무휴 ☕콜드브루 커피 니트로(Cold
Brew Nitro) 48,000Rp/ 택스 & 서비스 차지 16% 별도
✈www.senimancoffee.com ⚪senimancoffee

🍴☕ Food & Drink 27

우붓 커피 로스터리 Ubud Coffee Roastery
산미 진한 발리 커피의 진수

아침 일찍 커피와 함께 하루를 시작하거나 조용히 노
트북으로 일하는 사람에게 더할 나위 없는 곳. 100%
인도네시아 원두를 사용한 진한 풍미의 커피와 가볍
게 요기할 수 있는 베이커리류를 선보인다.

📍Jl. Goutama Sel., Ubud, Kec. Ubud, Kabupaten Gianyar,
Bali 80571 🚶우붓 왕궁에서 도보 약 9분 🕐월~토요일
07:00~20:30, 일요일 07:00~14:30 ❌연중무휴 ☕아메리카노
30,000Rp. 라테 35,000Rp ⚪ubudcoffeeroastery

🍴☕ Food & Drink 26

서니 커피 Sunny Coffee
나만 알고 싶은 아담한 커피 맛집

최근 새로 단장한 서니 커피는 커피와 페이스트리에
집중한 카페다. 날씨 좋은 날 아담한 2층 공간에 앉
으면 이름처럼 햇살이 쏟아져 내린다. 요가인 안젤
라»p.30의 단골 카페.

📍Jl. Hanoman, Ubud, Kec. Ubud, Kabupaten Gianyar, Bali
80571 🚶우붓 왕궁에서 도보 약 11분 🕐07:00~19:00
❌연중무휴 ☕아이스 롱 블랙(Iced Long Black) 33,000Rp
⚪sunnycoffee_ubud

🍴☕ Food & Drink 28

아트티 Artteas
느긋이 차 마시는 시간

우붓의 중심에 자리고 있지만 도심의 번잡스러움에
서 벗어날 수 있는 찻집. 인도네시아, 중국 등에서 공
수한 다양한 종류의 차를 판매한다.

📍Jl. Hanoman No.1, Ubud, Kec. Ubud, Kabupaten Gianyar,
Bali 80571 🚶우붓 왕궁에서 도보 약 5분 🕐월~토요일
12:00~20:00 ❌일요일 ☕중국 블랙 티(Chinese Black Tea)
45,000~180,000Rp/ 서비스 차지 11% 별도 ✈www.artteas.
com 📞+62 821-4763-5810 ⚪artteasbali

Food & Drink 29

투키스 코코넛 숍
Tukies Coconut Shop 몽키 포레스트점 Monkey forest

당 보충! 코코넛 디저트

진하고 깊은 맛이 일품인 코코넛 아이스크림이 이곳의 시그니처 메뉴. 몽키 포레스트점 외에 우붓에 두 곳의 지점이 더 있다.

📍 Jl. Monkey Forest No.15, Ubud, Kec. Ubud, Kabupaten Gianyar, Bali 80571 🚶 우붓 왕궁에서 도보 약 7분
🕐 09:00~23:00 ❌ 연중무휴 🍴 클래식(Classic) 컵 1스쿱 30,000Rp 📷 tukiescoconutshop

 Food & Drink 31

노 마스 바 No Mas Bar

온전히 음악과 나만 남는 곳

인기 그릴 레스토랑 리압 리압(Liap Liap) 2층에 자리한 바. 흥을 돋우는 신나는 음악 때문에 옆사람과의 대화는 어렵지만, 록 음악부터 라틴 음악까지 라이브 공연은 흥겹기만 하다.

📍 Jl. Monkey Forest, Ubud, Kec. Ubud, Kabupaten Gianyar, Bali 80571 🚶 우붓 왕궁에서 도보 약 10분 🕐 17:00~01:00(라이브 공연 20:00~23:00) ❌ 연중무휴 🍴 음식 35,000~170,000Rp. 칵테일 120,000~130,000Rp/ 택스 & 서비스 차지 15% 별도
🔗 www.nomasubud.com 📷 nomasubud

 Food & Drink 30

래핑 부다 바 Laughing Buddha Bar

매일 밤 흥겹게 라이브 공연을

몽키 포레스트 거리에선 늦은 밤까지 음악이 끊이지 않는데, 그 선두에는 래핑 부다 바가 있다. 라이브 음악을 들으면서 맥주 한잔하며 하루를 마무리해보자.

📍 Jl. Monkey Forest, Ubud, Kec. Ubud, Kabupaten Gianyar, Bali 80571 🚶 우붓 왕궁에서 도보 약 9분 🕐 16:00~24:00 (라이브 공연 19:30~22:30) ❌ 연중무휴 🍴 빈탕 40,000Rp~/ 택스 & 서비스 차지 17% 별도 🔗 www.laughingbuddhabali. com 📷 laughingbuddhabali

 Food & Drink 32

시피 라운지 CP Lounge

골목 안쪽에 자리한 야외 바

낮에는 수영을 즐길 수 있는 풀 바(Pool Bar), 밤에는 공연을 감상하는 라이브 바(Live Bar)의 역할을 톡톡히 한다. 매일 밤 라이브 공연이 열리며, 넓은 야외 공간에 테이블 좌석이 있어 개방감이 좋다.

📍 Jl. Wenara Wana No.15, Ubud, Kec. Ubud, Kabupaten Gianyar, Bali 80571 🚶 우붓 왕궁에서 도보 약 7분
🕐 13:00~03:00 ❌ 연중무휴 🍴 음식 35,000~300,000Rp. 칵테일 87,000~249,000Rp/ 택스 & 서비스 차지 17% 별도
🔗 www.cp-lounge.com 📷 cplounge.ubud.bali(공연 라인업 확인 가능)

우붓 시장 Ubud Market

발리 쇼핑 하면 이곳

발리 여행자들은 기념품 쇼핑을 위해, 현지인들은 식재료를 구매하기 위해 방문한다. 잘란 라야 거리와 그 주변 거리 곳곳에 위치한 크고 작은 시장을 모두 아우르는 형태이기 때문에 한 곳을 지정해서 우붓 시장이라 부르기는 애매한 구석이 있다. 우붓 시장 내에서 판매하는 상품의 종류는 거의 비슷하니, 여러 상점을 돌아다니며 가격을 비교해보자. 단, 어디에서든 처음 부른 가격의 절반 이상을 깎는 흥정은 필수.

📍 (Ubud Art Market) Jl. Raya Ubud No.35, (Prianka Ubud Art Market) Jl. Kajeng, Ubud, Kec. Ubud, Kabupaten Gianyar, Bali 80571 🚶 우붓 왕궁 주변 일대 🕐 09:00~18:00(상점마다 상이) ❌ 연중무휴

티켓 투 더 문 Ticket to the moon   우붓점 Ubud

캠퍼를 위한 해먹의 모든 것

'달로 가는 티켓(Ticket to the Moon)'이라는 낭만적인 이름이 어울리는 발리의 캠핑 브랜드로, 캠핑용 해먹(Hammock)을 주 상품으로 취급한다. 낙하산에 쓰이는 나일론 소재를 사용한 이곳의 해먹은 크기와 색상이 무척 다양하다. 무엇보다도 접어서 해먹 가방에 넣으면 한 손에 쏙 들어오는 콤팩트한 크기에 무게도 가벼워 휴대가 간편하다는 것이 최대 강점. 해먹을 만들고 남은 천으로 제작한 에코백과 백팩은 선물용으로 제격이다.

📍 Ubud Main Road No.33X, Ubud, Kec. Ubud, Kabupaten Gianyar, Bali 80571 🚶 우붓 왕궁에서 도보 약 4분 🕐 08:30~21:30 ❌ 연중무휴 💰 에코백(Eco Bags) 75,000~95,000Rp, 오리지널 해먹(Original Hammock) 595,000Rp 🔗 www.tickettothemoon.com 📷 tickettothemoonhammock

울루와뚜 핸드메이드 발리니스 레이스 Uluwatu Handmade Balinese Lace 우붓점 Ubud
장인들이 직접 만든 클래식한 옷

리넨, 코튼, 레이온 등 다양한 소재에 전통 레이스 자수 기법을 적용해 만든 화이트와 블랙 블라우스, 원피스 등을 판매하는 의류 브랜드다. 가격은 다소 비싸지만 유행을 타지 않고 오래도록 입을 수 있는 좋은 퀄리티의 옷을 선보인다. 사누르, 꾸따, 스미냑 등에 자체 매장이 있으며 대형 쇼핑몰과 카펠라, 행잉 가든 등 고급 리조트 숍에도 입점되어 있다.

📍 Jl. Monkey Forest No.14, Ubud, Kec. Ubud, Kabupaten Gianyar, Bali 80571 🚶 우붓 왕궁에서 도보 약 12분. 몽키 포레스트 거리에 위치 🕐 09:00~21:00 ❌ 연중무휴 🏷 원피스 1,175,000Rp~ 🌐 www.uluwatu.co.id 📷 @uluwatu_handmade_balinese_lace

---

우타마 스파이스 Utama Spice 우붓점 Ubud
천연 오일 제품 쇼핑은 여기!

1989년에 문을 연 100% 내추럴 스킨케어 브랜드. 에션셜 오일을 비롯해 헤어와 보디 제품, 인센스 스틱, 요가 매트 스프레이, 벌레 퇴치용 스프레이 등 제품의 종류도 다양하다. 몽키 포레스트점에서는 포장 용기 없이 샴푸, 보디워시 등의 내용물만 판매하는 리필 스테이션을 운영 중이다. 브라와, 바투 볼롱, 사누르 등에도 지점이 있으며 요가 반, 알케미 요가 등에서 운영하는 숍에도 입점되어 있다.

📍 Jl. Monkey Forest, Ubud, Kec. Ubud, Kabupaten Gianyar, Bali 80571 🚶 우붓 왕궁에서 도보 약 15분. 몽키 포레스트 거리에 위치 🕐 09:00~20:00 ❌ 연중무휴 🏷 에센셜 오일(Essential Oil) 48,500Rp~, 요가 매트 스프레이(Yoga Mat Spray) 92,500Rp 🌐 www.utamaspicebali.com 📷 utamaspice

🛍 Shopping 05

안젤로 스토어 Angelo Store
건성 피부에 추천하는 천연 제품

천연 허브로 만드는 자연주의 스킨케어 제품을 판매하
는 곳. 순하고 자극 없는 천연 제품을 선보일 뿐 아니라
화려한 포장 대신 재활용지를 사용하는 등 환경 문제
에도 힘쓰고 있다. 세안 후에도 촉촉함을 유지시키는
페이셜 클렌징 제품을 추천한다.

📍 Jl. Sugriwa No.10, Ubud, Kec. Ubud, Kabupaten Gianyar, Bali
80571 🚶 우붓 왕궁에서 도보 약 8분 🕐 09:00~21:00 ⊗ 연중무휴
🍃 페이셜 클렌저(Facial Cleanser) 60,000Rp, 페이셜 오일(Facial
Oil) 100,000Rp 🖊 www.angelostoreubud.com
📷 angelostoreubud

🛍 Shopping 06

인 주얼리 포 더 솔
YIN Jewelry for the Soul 우붓 본 점 Ubud

발리를 추억하기 좋은 액세서리

은으로 만든 주얼리를 판매하는 브랜드. 자연, 요가 등
발리 고유의 키워드를 질료로 디자인한 독창적인 액세
서리는 쇼핑욕을 자극한다. 저렴하진 않지만 세일 상
품을 눈여겨보자. 우붓에 3개의 지점을 운영 중이다.

📍 Jl. Dewisita, Ubud, Kec. Gianyar, Kabupaten Gianyar, Bali
80571 🚶 우붓 왕궁에서 도보 약 7분 🕐 09:00~21:00 ⊗ 연중무휴
🍃 목걸이 펜던트 180,000Rp~ 🖊 www.yinjewelryforthesoul.com
📷 yinjewelryforthesoul

🛍 Shopping 07

스레즈 오브 라이프 Threads of Life
질 좋고 희귀한 전통 직조 제품

인도네시아 곳곳에서 생활하는 1000여 명의 여성이 전
통 기법으로 직조하고 천연 염색으로 색을 입힌 제품을
판매한다. 규모는 아담하지만 정교하게 만든 러그, 가방,
스카프 등을 만나는 재미가 쏠쏠하다. 전통 염색 기법인
바틱을 배우는 워크숍도 운영한다.

📍 Jl. Kajeng No.24, Ubud, Kec. Gianyar, Kabupaten Gianyar,
Bali 80571 🚶 우붓 왕궁에서 도보 약 5분 🕐 10:00~18:00
⊗ 연중무휴 🍃 동전 지갑 95,000Rp, 지갑 450,000Rp, 가방
975,000Rp 🖊 www. threadsoflife.com 📷 threadsoflifebali

Shopping 08

아시타바 Ashitaba 우붓점 Ubud

정찰제 가게에서 편안한 쇼핑을

우붓 시장에서 가격을 흥정하는 데 지쳤다면 아시타바로 향해보자. 정찰제 가게로, 100% 천연 재료로 만든 질 좋고 짜임새가 견고한 라탄 그릇부터 가방까지 다채로운 제품이 매장을 가득 채우고 있다. 스미냑과 사누르에도 지점이 있다.

📍 Jl. Monkey Forest No.92, Ubud, Kec. Ubud, Kabupaten Gianyar, Bali 80571 🚶 우붓 왕궁에서 도보 약 10분. 몽키 포레스트 거리에 위치 🕐 09:00~21:00 ❌ 연중무휴 🍴 라탄 가방 315,000Rp~, 코스터 20,000Rp~ 📷 ashitababali

Shopping 09

발리 티키 3 Bali Teaky 3

한국인 필수 쇼핑 스폿

인도네시안 티크 나무(Teak Wood)로 만든 품질 좋은 주방용품을 흥정 없이 가격표 그대로 살 수 있는 곳. 발리 티키는 우붓에만 3개 지점이 있는데, 우붓 메인 로드에 자리한 3호점이 접근성이 가장 좋다. 1호점은 잘란 라야 펜고세칸(Jl. Raya Pengosekan)으로 이전했고, 2호점은 몽키 포레스트 거리에 있다.

📍 Jl. Raya Ubud No.35, Ubud, Kec. Ubud, Kabupaten Gianyar, Bali 80475 🚶 우붓 왕궁에서 도보 약 3분 🕐 08:30~22:00 ❌ 연중무휴 🍴 나무 도마 75,000Rp~

Shopping 10

치착 우붓 티크 우든 키친웨어
Cicak Ubud Teak Wooden Kitchenware

한 끗 다른 제품의 퀄리티를 원한다면

내구성이 뛰어난 티크 나무로 만든 식기류를 판매한다. 가격대가 다소 높고 현금 결제만 가능하지만 이곳만의 특별한 제품을 구경하는 재미가 크다. 나무 제품을 구입하면 주인인 마닉(Manik)이 정성스레 오일을 발라 포장해준다.

📍 Jl. Monkey Forest, Ubud, Kec. Ubud, Kabupaten Gianyar, Bali 80571 🚶 우붓 왕궁에서 도보 약 10분 🕐 09:00~22:30 ❌ 연중무휴 🍴 접시 95,000Rp~, 도마 120,000Rp~ 📷 cicak_balicraft

Shopping 11

스튜디오 케이 Studio K 헤드쿼터 우붓점Headquarters Ubud

차분한 색감의 고급스러운 요가복

요가를 제대로 즐기기 위해서는 요가복의 소재와 디자인도 신경 써야 한다. 스튜디오 케이에서는 오가닉 소재를 사용해 피부 자극이 적고 디자인이 깔끔해 일상복으로 입어도 무방한 요가복을 판매한다. 가격은 다소 비싼 편.

📍 Jl. Sukma Kesuma No.9, Peliatan, Kec. Ubud, Kabupaten Gianyar, Bali 80571 🚶 우붓 왕궁에서 도보 약 12분 🕐 10:00~21:00 ❌ 연중무휴 🏷 요가 톱 699,000Rp~, 요가 팬츠 999,000Rp~ ✈ www.studiokyogawear.com 📷 studio.k.yogawear Ⓖ Studio K-Organic and Ethical Yoga Wear jalan sukma

Shopping 12

인디고 루나 스토어 Indigo Luna Store 우붓점 Ubud

베이식한 요가복부터 편안한 일상복까지

호주와 발리를 기반으로 심플하고 세련된 디자인의 요가복과 수영복, 일상복을 선보이는 브랜드. 그중에서도 착용감이 편안하고 몸의 아름다움을 자연스럽게 드러낼 수 있도록 디자인한 요가복이 단연 인기. 울루와뚜, 짱구 등에 매장이 있다.

📍 Jl. Monkey Forest No.10, Ubud, Kec. Ubud, Kabupaten Gianyar, Bali 80571 🚶 우붓 왕궁에서 도보 약 2분 🕐 09:00~21:00 ❌ 연중무휴 🏷 요가 톱 580,000Rp~, 요가 팬츠 776,000Rp~ ✈ www.indigoluna.store 📷 indigoluna.store

Shopping 13

요가 샨티 Yoga Shanty

편하고 대중적인 발리 요가복 브랜드

우붓에서 활동하는 대부분의 요가 선생님이 요가 샨티의 요가복을 입는다. 자체 제작한 심플한 디자인의 브라 톱, 레깅스 등을 판매하며, 품질이 뛰어나게 좋은 것은 아니지만 가격이 부담스럽지 않고 색상이 다양해 요가인들의 지갑을 열게 한다.

📍 Jl. Hanoman No.30, Ubud, Kec. Ubud, Kabupaten Gianyar, Bali 🚶 우붓 왕궁에서 도보 약 10분 🕐 09:30~22:00 ❌ 연중무휴 🏷 레깅스 595,000Rp~ ✈ www.yogashantyubud.com 📷 ys_yogashanty

발리 요가 숍 Bali Yoga Shop 하노만점 Hanoman

요가인이라면 그냥 지나치기 힘든 곳

발리 요가 숍은 요가와 관련된 거의 모든 것을 판매한다. 요가복부터 요가 매트, 요가 스트랩 등의 요가 용품부터 요가 책, 액세서리, 싱잉볼 등의 아이템까지 만나볼 수 있다. 잘란 데위 시타 지점과 요가 반»p.81 분점도 운영한다.

📍 Jl. Hanoman No.44B, Ubud, Kec. Ubud, Kabupaten Gianyar, Bali 80571 🚶 우붓 왕궁에서 도보 약 12분 🕐 09:00~20:00 ❌ 연중무휴 🏷 요가 매트 595,000Rp~, 요가 팬츠 360,000Rp~, 티셔츠 150,000Rp~ ✈ www.baliyogashop.com
📷 baliyogashop

가네샤 북숍 Ganesha Bookshop

우붓의 상징적인 중고 서점

1986년 몽키 포레스트 거리에서 작은 가게로 시작해 현재는 우붓 메인 거리를 대표하는 중고 서점이 된 가네샤 북숍. 영어책을 비롯해 인도네시아의 역사, 정치, 예술, 문화, 인류학 등에 관한 중고 서적을 만나볼 수 있으며, 새로 입고된 도서는 SNS을 통해 업데이트한다. 매주 일요일에는 바깥 가판대에 책을 놓고 필요한 책을 무료로 가져가게 하는 나눔 행사도 진행한다. 진귀한 도서가 많아 인도네시아 체인 서점인 페리플러스(Periplus)보다 책 구경하는 재미가 더하다.

📍 Jl. Jembawan, Kec. Ubud, Kabupaten Gianyar, Bali 80571 🚶 우붓 왕궁에서 도보 약 7분 🕐 09:00~18:00 ❌ 연중무휴 🏷 도서 95,000Rp~ ✈ www.ganeshabooksbali.com
📷 ganeshabookshop

 Shopping 16

코우 발리 내추럴 숍 Kou Bali Natural Soap
선물하기 좋은 수제 비누

100% 유기농 성분으로 만든 수제 비누 전문점이다. 사탕 모양으로 포장한 미니 비누는 패키징도 예쁘고 가격도 부담 없어 선물하기에 좋다. 발리의 대표 꽃인 프랜지파니(Frangipani) 향을 추천. 근처에 코우 퀴진도 함께 운영한다. 현금 결제만 가능.

📍Jl. Dewisita, Ubud, Kec. Ubud, Kabupaten Gianyar, Bali 80571 🚶우붓 왕궁에서 도보 약 6분 🕘09:45~18:45 ✖연중무휴
🔖미니 비누 14,000Rp~, 비누 38,000Rp~ 📷koubali_official

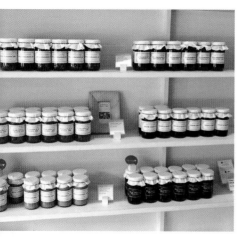

🛍 Shopping 17

코우 퀴진 Kou Cuisine
패키징부터 맛까지 깔끔한 수제 잼

2008년부터 신선한 과일로 만든 홈메이드 잼을 판매해온 곳이다. 코우 발리 내추럴 숍의 주인이 운영한다. 아담한 공간 중앙에 샘플들이 놓여 있어 직접 맛을 보고 구매할 수 있으며, 애플 시나몬 잼과 밀크 캐러멜 잼이 가장 인기가 많다. 현금 결제만 가능.

📍Jl. Monkey Forest, Ubud, Kec. Ubud, Kabupaten Gianyar, Bali 80571 🚶우붓 왕궁에서 도보 약 3분. 몽키 포레스트 거리에 위치 🕘09:45~18:45 ✖연중무휴 🔖잼 110ml 55,000Rp~, 잼 330ml 110,000Rp~ 📷koubali_official

🛍 Shopping 18

발리 부다 Bali Buda 우붓점 Ubud
우붓 거주 외국인들의 장보기 스폿

신선한 과일과 채소를 비롯해 홈메이드 잼, 그래놀라 등 건강한 식료품을 판매하는 곳. 제로웨이스트에도 적극적이라 빈 용기에 곡물, 견과류 등을 필요한 만큼 담아가는 리필스테이션을 운영한다. 식료품 숍 바로 옆에 카페도 함께 운영 중이며 짱구 등에도 지점이 있다.

📍Jl. Raya Ubud, Kec. Ubud, Kabupaten Gianyar, Bali 80571
🚶우붓 왕궁에서 도보 약 7분. 가네샤 북숍 바로 옆 🕘07:00~21:30
✖연중무휴 🔖피넛버터 54,000Rp, 그래놀라 500g 85,000Rp~
✈www.balibuda.com 📷balibuda

🛍 Shopping 19

코코 슈퍼마켓 Coco Supermarket ^{우붓점 Ubud}

가볍게 들러 필수품 쇼핑!

우붓의 번화가인 하누만 거리와 몽키 포레스트 거리가 만나는 곳에 자리하고 있어 접근성이 뛰어나다. 규모는 크지 않지만 다른 마트와 달리 신용카드로 소액 결제도 가능하다.

📍 Jl. Raya Pengosekan, Ubud, Kec. Ubud, Kabupaten Gianyar, Bali 80571 🚶 우붓 왕궁에서 차로 약 5분, 도보 약 18분
🕐 07:00~23:00 ❌ 연중무휴 ✈ www.cocogroupbali.com
📷 cocogroupbali

🛍 Shopping 21

델타 데와타 슈퍼마켓

Delta Dewata Supermarket

우붓에서 가장 규모가 큰 마트

물건도 많고 가격도 저렴해 출국 전 기념품을 사거나 장기 체류 시 필요한 물건을 구입하기 위해 들르는 사람이 많다. 다만 우붓 시내에서 걸어가기엔 다소 부담스러운 거리.

📍 Jl. Raya Andong No.14, Peliatan, Kec. Gianyar, Kabupaten Gianyar, Bali 80571 🚶 우붓 왕궁에서 차로 약 5분, 도보 약 16분
🕐 07:30~22:30 ❌ 연중무휴 ✈ www.deltadewata.co.id

🛍 Shopping 20

빈탕 슈퍼마켓 Bintang Supermarket ^{우붓점 Ubud}

다양한 물건과 합리적인 가격

최근 리뉴얼한 스미냑 지점에 비해 살짝 낡은 느낌이지만 우붓에서 인기 있는 슈퍼마켓. 여행자들은 상품 종류와 가격을 두고 델타 데와타 슈퍼마켓과 많이 비교한다. 우붓 시내와는 거리가 있는 편이다.

📍 Jl. Raya Sanggingan No.45, Sayan, Kec. Ubud, Kabupaten Gianyar, Bali 80515 🚶 우붓 왕궁에서 차로 약 5분, 도보 약 20분
🕐 07:30~22:00 ❌ 연중무휴 ✈ www.bintangsupermarket. com 📷 bintangsupermarket

🛍 Shopping 22

파퓰러 마켓

Popular Market ^{펠리아탄점 Peliatan}

신선한 과일과 채소 쇼핑은 여기

사누르, 짱구 등에도 지점이 있는 마트로, 물건이 많은 편은 아니지만 우붓의 다른 슈퍼마켓과 비교하면 가장 깨끗한 시설을 갖추고 있다. 특히 신선한 과일과 채소를 구매할 수 있다.

📍 Jl. Made Lebah No.36, Kec. Ubud, Kabupaten Gianyar, Bali 80571 🚶 우붓 왕궁에서 차로 약 8분 🕐 07:00~23:00
❌ 연중무휴 📷 popular.market

Part 03

우리들의
두 번째 여행지,
꾸따

Kuta

우리가 꾸따에 가야 하는 이유

꾸따는 응우라라이 국제공항에서 차로 약 15~20분이면 도착하는 인기
지역이다. 덕분에 발리 여행에서 처음 혹은 마지막 일정을 보내게 되는
곳이기도 하다. 내 경우 꾸따에서 여정을 시작하면 서핑도 즐기면서
기분 좋게 여행을 시작할 수 있어 좋았고, 끝이 되면 언젠가 꼭 다시 올
것이라는 다짐으로 마무리하게 되어 역시 좋았다.

2000년대 초반에는 발리 여행자 대부분이 모여 있다고 해도 과언이
아닐 만큼 꾸따는 세계 각지에서 온 서퍼들과 배낭여행객들로
북적거렸다. 가성비 좋은 숙소와 식당, 상점 등 여행자를 위한
편의 시설이 잘 갖추어져 있을 뿐 아니라 물가도 저렴해 장기간
체류하기에도 부담이 적었다. 요즘은 짱구와 울루와뚜, 사누르에 그
명성을 내주었지만 초보 서퍼와 발리를 처음 방문하는 사람들에게
꾸따는 여전히 매력 있는 여행지다.

늘 활기가 넘치는 꾸따의 중심에는 꾸따 비치가 있다. 에메랄드빛의
아름다운 바다는 아니지만 수심이 얕고 파도가 잔잔해 초보자가
서핑을 배우기 좋다. 평소 서핑을 꿈꿔왔다면 그 생각을 실행으로 옮길
수 있는 곳이라는 뜻이기도 하다. 서프보드 위에 서 있는 내 모습을
상상만 해도 설레지 아니한가.

꾸따 교통

응우라라이 국제공항에서 꾸따로

공항 택시
공항 1층 입국장 출구에 있는 택시
스탠드에서 택시를 배정받는다.
· **공항-꾸따** 약 10~20분, 150,000~180,000Rp
· 유료 도로 이용 시 통행료 지불

차량 공유 플랫폼
고젝과 그랩 애플리케이션으로 차량을
호출한다. 공항세 및 톨비 등을 지불해야
하며, 새벽에 공항에 도착할 경우
할증료가 붙기도 한다.
· **공항-꾸따** 10~20분

픽업 서비스 차량
클룩 또는 마이리얼트립 등을 통해 예약할 수
있다. 공항 1층 입국장 출구 미팅 포인트에서
드라이버를 만나면 된다.
· **공항-꾸따** 약 10~20분, 133,650Rp~(요금 상시 변동)

숙소 차량
미리 숙소에 픽업 서비스를 신청하면
숙소 차량으로 공항에서 호텔이나
리조트까지 픽업해준다.
· 숙소마다 가격 상이

꾸따에서 주변 지역으로

택시
꾸따에서 다른 지역으로 이동할 때 가장
많이 이용하는 교통수단은 택시다. 대기
중인 빈 택시를 잡아탈 수도 있지만,
미리 요금과 소요 시간 등을 확인할
수 있는 고젝, 그랩 또는 블루버드
애플리케이션으로 차량을 호출해
이용하는 경우가 많다. 차량 상태나
서비스는 별반 다르지 않지만 가격은
10,000~50,000Rp 정도 차이가 나므로
가격 비교 후 업체를 선택하자.
· **꾸따-우붓** 약 50분~1시간 30분
· **꾸따-스미냑** 약 15~20분
· **꾸따-짱구** 약 30분~1시간
· **꾸따-울루와뚜** 약 35분~1시간
· **꾸따-사누르** 약 25~30분
· **꾸따-누사두아** 약 20~40분

바이크
일종의 오토바이 택시인 고젝 바이크와
그랩 바이크는 저렴하고 빠른 이동이
가능하다. 다만 짐이 있을 경우 이용이
어렵고 장거리는 위험할 수 있다.

버스
① 쿠라쿠라 버스
공공 셔틀버스 서비스인 쿠라쿠라 버스는
꾸따에서 사누르, 꾸따에서 우붓으로
이동할 때 이용할 수 있다. 꾸따에서
사누르를 거쳐 우붓으로 가는 버스가
하루에 한 대 운행 중이다.
· **꾸따-사누르** 100,000Rp
· **꾸따-우붓** 100,000Rp

② 쁘라마 버스
쁘라마 여행사에서 운영하는 셔틀버스인
쁘라마 버스는 꾸따에서 사누르, 꾸따에서
우붓으로 이동할 때 이용 가능하다.
저렴한 요금이 장점이지만 시간이 오래
걸린다. 하루에 3회 운영 중.
· **꾸따-사누르** 50,000Rp
· **꾸따-우붓** 100,000Rp

③ 뜨만 버스
발리 정부에서 운영하는 대중교통으로
저렴한 요금이 장점이다. 하지만 현금
결제가 안 될 뿐 아니라 여행자들이
이용하기에는 노선 파악이 쉽지 않고
시간도 오래 걸린다.
· **꾸따-사누르** 4,400Rp
· **꾸따-우붓** 8,800Rp(1회 환승)

꾸따 내 이동하기

도보
꾸따는 시내 자체가 그리 크지 않아서
도보로 10분 내외의 가까운 거리는 충분히
걸어서 다닐 수 있다. 하지만 대부분의
도로가 폭이 좁고 노후된 노면이며 인도가
없는 곳도 많아 걸어 다니기가 불편하다.
항상 차와 오토바이를 조심할 것.

바이크/택시
꾸따 내에서 여행자가 많이 이용하는
교통수단은 바이크, 즉 오토바이 택시다.
꾸따 도로는 대부분 일차선으로, 교통
체증이 심각하기 때문에 택시보다는
오토바이 택시로 이동하는 것이
가격적으로나 시간적으로나 합리적이다.
다만 늘 안전에 주의할 것.

Course

꾸따 추천 코스

1박 2일 코스

꾸따에서는 첫째도 서핑, 둘째도 서핑이다. 운동 신경이 없거나 새로운 도전을 두려워하는
사람일지라도 우선 꾸따의 서핑 숍으로 달려가보자. 물론 꾸따 비치에서 태닝을 하거나 석양을
즐기기만 해도 충분하다.

1일 차

07:30~09:30

도보 2분

바루서프 발리에서 서핑 교육 후 실전!
» p.139

11:00

도보 10분

비치 볼 발리에서 브런치 즐기기
» p.143

13:00

도보 1분
(비치워크 쇼핑 센터 1층)

아라비카 발리에서 커피 한잔
» p.148

14:00

도보 1분

비치워크 쇼핑 센터에서 쇼핑
» p.151

17:00

도보 3분

**꾸따 비치에서 빈땅 맥주 마시며 석양
감상하기** » p.138

18:00

팻 차우에서 저녁 식사 » p.142

2일 차

08:00

크럼 앤 코스터에서 아침 식사

» p.144

바이크 10분

09:30

워터봄 발리에서 물놀이 즐기기

» p.140

바이크 약 15분

13:30

잭프루트 브런치 앤 커피에서 점심 식사

» p.143

도보 3분

15:00

리퍼블릭 88 커피 앤 이터리에서 커피

한잔 » p.149

도보 1분

17:00

켄카나 아트 마켓에서 기념품 쇼핑

» p.153

바이크 10분

18:00

와룽 셰프 바구스에서 저녁 식사

» p.146

Map 01

꾸따 여행 지도

응우라라이 국제공항에 도착한 여행자가 하루 이틀 묵어가거나 발리를 떠나기 직전 들르곤
하는 발리의 관문 꾸따. 다양한 여행자가 찾는 만큼 꾸따에선 호텔부터 리조트, 게스트 하우스,
에어비앤비까지 숙소 선택의 폭이 넓다.

Area 01. 꾸따 비치 주변

4·5성급 호텔과 리조트는 꾸따의 해안가를 따라 늘어서 있다. 바다로의 접근성이 좋을 뿐 아니라 넓은
수영장, 다양한 레스토랑 등 부대시설 또한 훌륭해 가족, 커플 여행자에게 인기가 많다.

> **Pick 추천 숙소**
> · 스톤즈 호텔-르기안 발리 오토그래프 컬렉션 The Stones Hotel-Legian Bali, Autograph Collection ★★★★★ 30만 원대 초반
> · 하드 록 호텔 꾸따 Hard Rock Hotel Kuta ★★★★ 20만 원대 중반
> · 쉐라톤 발리 꾸따 리조트 Sheraton Bali Kuta Resort ★★★★ 20만 원대 중반
> · 풀만 발리 르기안 비치 Pullman Bali Legian Beach ★★★★★ 10만 원대 후반
> · 더 꾸따 비치 헤리티지 호텔 발리 The Kuta Beach Heritage Hotel Bali ★★★★★ 10만 원대 초반
> · 머큐어 꾸따 비치 발리 Mecure Kuta Beach Bali ★★★★ 10만 원대 초반
> · 꾸따 시뷰 부티크 리조트 Kuta Seaview Boutique Resort ★★★★ 10만 원대 초반
> · 트라이브 발리 꾸따 비치 Tribe Bali Kuta Beach ★★★★ 10만 원대 초반
> · 마마카 바이 오볼로 Mamaka By Ovolo ★★★★ 10만 원대 초반
> · 알람 쿨쿨 부티크 리조트 Alam Kulkul Boutique Resort ★★★★ 5만~8만 원

Area 02. 베네사리 거리와 르기안 거리

배낭여행자가 즐겨 찾는 숙소는 뽀삐스 거리(Jl. Poppies) 1·2에 많았으나 시설이 낙후돼 최근에는
인기가 덜하다. 대신 장기 체류자와 서퍼들을 위한 중저가 숙소 거리로 베네사리 거리(Jl. Benesari)와
르기안 거리(Jl. Legian)가 주목받고 있다. 베네사리 거리는 꾸따 비치와 가깝고 서핑 숍, 식당 등이 모여
있으며, 르기안 거리에는 다양한 숍, 레스토랑, 카페, 스파, 클럽 등이 자리한다. 다만 번화가인 르기안
거리는 밤낮으로 시끄러워 잠귀가 밝은 여행자에게는 추천하지 않는다.

> **Pick 추천 숙소**
> · 포 포인츠 바이 쉐라톤 발리 Four Points by Sheraton Bali ★★★★ 10만 원대 초반
> · 호텔 테라스 앳 꾸따 Hotel Terrace at Kuta ★★★ 5만~7만 원대
> · 더 베네 호텔 꾸따 The Bene Hotel Kuta ★★★★ 5만~7만 원대
> · 그랜드 라 왈론 호텔 Grand La Walon Hotel ★★★ 5만~7만 원대
> · 더 원 르기안 The One Legian ★★★★ 5만~7만 원대

스미냑

Accommodation

0   110m

르기안 비치
Legian Beach

르기안 거리 *Jl. Legian*

판타이 르기안 발리
Pantai Legian Bali

풀만 발리 르기안 비치

알람 쿨쿨 부티크 리조트

스톤즈 호텔-르기안 발리
오토그래프 컬렉션

트라이브 발리 꾸따 비치   그랜드 라 왈론 호텔

마마카 바이 오볼로   호텔 테라스 앳 꾸따

더 베네 호텔 꾸따

포 포인츠 바이   더 원 르기안
쉐라톤 발리

베네사리 거리 *Jl. Benesari*

Area 01.
꾸따 비치 주변

Area 02.
베네사리 거리와
르기안 거리

뽀삐스 거리 2 *Jl. Poppies II*

꾸따 비치   쉐라톤 발리 꾸따 리조트
Kuta Beach

꾸따 시뷰 부티크 리조트

더 꾸따 비치 헤리티지 호텔 발리   뽀삐스 거리 1 *Jl. Poppies I*
머큐어 꾸따 비치 발리
하드 록 호텔 꾸따

응우라라이 국제공항

$\mathcal{M}ap$ 02

꾸따 스폿 지도

- 👁 Sightseeing
- ✳ Experience
- ✕ Food & Drink
- 🛍 Shopping

0   200m

Indian Ocean

인도양

F14
아라비카 발리
%Arabica Bali

F15
엑스팟 로스터즈
Expat. Roasters

F18
카페 사르데냐
Cafe Sardinia

F22
하드 록 카페 발리
Hard Rock Cafe Bali

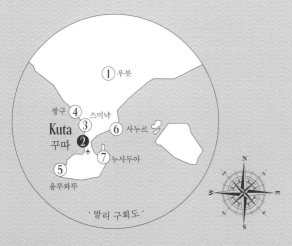

① 우붓

짱구 ④ 스미냑
Kuta ③
꾸따 ❷   ⑥ 사누르
⑦ 누사두아
⑤
울루와뚜

· 발리 구획도 ·

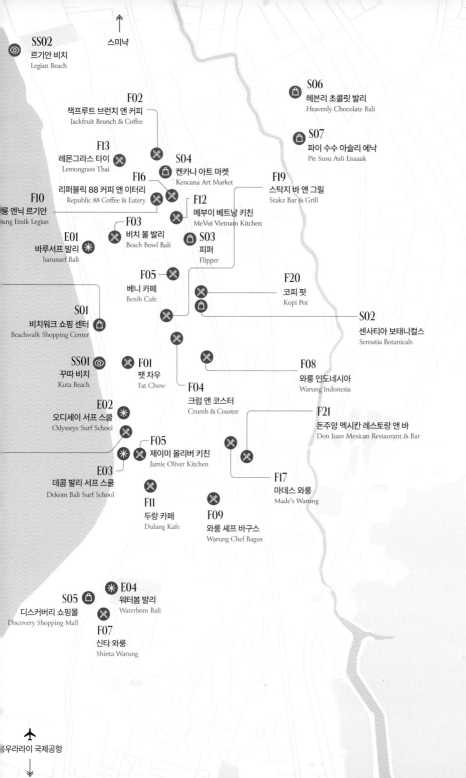

SS02
르기안 비치
Legian Beach

스미냑

F02
잭프루트 브런치 앤 커피
Jackfruit Brunch & Coffee

F13
레몬그라스 타이
Lemongrass Thai

S04
켄카나 아트 마켓
Kencana Art Market

F16
리퍼블릭 88 커피 앤 이터리
Republic 88 Coffee & Eatery

F10
룽 엔닉 르기안
ung Etnik Legian

F12
메부이 베트남 키친
MeVui Vietnam Kitchen

F19
스탁지 바 앤 그릴
Stakz Bar & Grill

S06
헤븐리 초콜릿 발리
Heavenly Chocolate Bali

S07
파이 수수 아슬리 에낙
Pie Susu Asli Enaaak

F03
비치 볼 발리
Beach Bowl Bali

E01
바루서프 발리
barusurf Bali

S03
피퍼
Flipper

F05
베니 카페
Benih Cafe

F20
코피 팟
Kopi Pot

S01
비치워크 쇼핑 센터
Beachwalk Shopping Center

S02
센사티아 보태니컬스
Sensatia Botanicals

SS01
꾸따 비치
Kuta Beach

F01
팻 차우
Fat Chow

F04
크럼 앤 코스터
Crumb & Coaster

F08
와룽 인도네시아
Warung Indonesia

E02
오디세이 서프 스쿨
Odysseys Surf School

F05
제이미 올리버 키친
Jamie Oliver Kitchen

F21
돈주앙 멕시칸 레스토랑 앤 바
Don Juan Mexican Restaurant & Bar

E03
데콤 발리 서프 스쿨
Dekom Bali Surf School

F17
마데스 와룽
Made's Warung

F11
두랑 카페
Dulang Kafe

F09
와룽 셰프 바구스
Warung Chef Bagus

S05
디스커버리 쇼핑몰
Discovery Shopping Mall

E04
워터봄 발리
Waterbom Bali

F07
신타 와룽
Shinta Warung

응우라라이 국제공항

Surfing Paradise, Kuta

서퍼들의 천국, 꾸따

서핑을 배운 건 2014년이지만 실력은 여전히 초급자 수준에 머물러 있다. 나의 첫 서핑은 발리 꾸따 비치에서 시작되었다. 출장 중 반나절의 자유 시간 동안 서핑을 배웠고, '아, 이거다!'라고 생각한 순간 끝이 나고 말았다. 짧았지만 분명 새로운 경험이었고 자유로운 세계에 대한 발견이었다. 그 매력을 잊지 못해서일까. 한국으로 돌아와서도 제주, 부산, 양양을 다니며 서핑을 했지만 꾸따 비치만큼 만족스럽지는 않았다. 꾸따 비치는 비교적 완만한 파도와 적당한 바람 덕에 초보자도 어렵지 않게 파도를 탈 수 있는 곳이다. 서핑이 처음이라면 꾸따 비치에서 꼭 서핑을 즐겨보라 권하고 싶다.

Pick 꾸따의 서핑 & 물놀이 스폿
· 꾸따 비치
· 바루서프 발리
· 오디세이 서프 스쿨
· 데콤 발리 서프 스쿨
· 르기안 비치
· 워터봄 발리

용어부터 강습까지
초보자를 위한 서핑 가이드

사실 서핑은 단순한 동작으로 이루어진다. 하지만
말이 쉽지 최적의 타이밍에 보드에 엎드린 채 팔을
저어 패들링을 하는 것도, 보드 위에서 일어나
균형을 잡는 것도 초심자에겐 어렵고 벅차다. 파도와
바람 같은 환경 요건도 시시각각 변한다. 그렇다고
미리 겁먹을 필요는 없다. 사면이 바다로 둘러싸여
있을 뿐 아니라 1년 내내 질 좋은 파도가 치는 발리,
그중에서도 꾸따 비치는 초보자가 서핑을 즐기기에
최적의 환경이다. 얕은 수심과 적당한 바람,
완만한 파도가 있기 때문이다. 꾸따에 자리한 수십
개의 서핑 스쿨은 두 팔 벌려 서퍼들을 반긴다. 춤을
추듯 파도 위에서 자유를 즐기는 서퍼의 모습을 보면,
서핑이란 결국 여유와 기다림의 시간으로 차곡차곡
쌓아 올린 노력의 결정체라는 생각이 든다. 능숙하지
않으면 좀 어떠한가. 파도 위에 머무는 것이
이렇듯 재밌고 즐거운데.

Tips 발리 서핑 팁
· 예약 없이 현장에서 바로 서핑을
  배울 수 있지만 업체별로 조건이
  천차만별이다. 가격, 강습 시간, 한국어
  가능 여부, 픽업 서비스 등을 미리
  비교한 후 서핑 스쿨을 선택하자.
· 영어가 서툴다면 한국인이 운영하는
  서핑 스쿨을 추천한다. 다른 곳보다
  수업료는 비싸지만 기본 안전 교육을
  한국어로 받을 수 있을 뿐 아니라
  현지인 강사도 간단한 한국말 정도는
  할 수 있다.
· 꾸따 비치에서는 서핑 강습을 호객하는
  사람들을 만날 수 있는데 가격은
  흥정하기 나름이다. 서핑 보드만 빌릴
  수도 있다.

서핑의 기본 순서

Step 01
서핑 보드를 가지고 바다로 나간다.

Step 02
파도와 수직이 되도록 물 위에 서핑 보드를 놓고 보드에 엎드려 파도를 기다린다.

Step 03
적당한 파도가 오면 재빨리 양손으로 물을 저어 패들링을 하고, 양손을 가슴 옆 부분에 위치시키고 보드에 양 손바닥을 붙인다. 보드를 밀어내듯 팔을 펴며 상체를 들어 올린다.

Step 04
한 발(오른손잡이는 왼발, 왼손잡이는 오른발)을 양 손바닥을 짚고 있던 위치 옆에 두고, 다른 발(오른손잡이는 오른발, 왼손잡이는 왼발)은 보드 뒤쪽에서 보드와 직각이 되게 놓는다. 스쿼트를 하듯 중심을 잡고 살짝 앉은 자세로 보드 위에서 일어난다. 오른발과 왼발의 간격은 어깨너비보다 조금 넓은 것이 적당하다.

Step 05
이때 시선은 진행 방향으로 향한다. 두 팔은 진행 방향과 수평이 되도록 벌려야 하지만 자연스럽게 살짝 내려도 괜찮다.

Step 06
보드에 올라탄 상태에서 해변 앞까지 가면 보드에서 천천히 내려온다. 단, 보드 옆쪽으로 내려오고, 세게 뛰어내리지 않는다.

서핑 보드의 명칭

· **노즈** Nose : 보드의 가장 앞부분.
· **테일** Tail : 보드의 가장 뒷부분.
· **레일** Rail : 보드의 양옆 부분.
· **데크** Deck : 보드의 윗면.
· **보텀** Bottom : 보드의 아랫면.
· **스트링거** Stringer : 보드 중앙의 목재로, 물속에서 보드가 구부러지거나 비틀리지 않도록 보드의 강도를 유지한다.
· **핀** Fin : 보드가 흔들리지 않게 도와주거나 방향을 전환하는 키 역할을 하며, 보드 바닥면에 부착되어 있다.
· **리쉬 코드** Leash Cord : 리쉬 코드는 보드와 서퍼의 다리를 연결하는 줄로, 보드가 서퍼의 몸에서 멀어지지 않도록 도와준다. 리쉬 코드는 보통 발목에 묶는데 오른손잡이는 오른발, 왼손잡이는 왼발에 묶는 것이 일반적이다. 리쉬 캡은 보드와 리쉬 코드를 연결하는 부분이다.

서핑 배우기 전, 알아두면 좋은 용어들

· **스웰** Swell : 파도의 너울.
· **브레이크** Break : 파도가 '깨지거나' 무너지는 것.
· **피크** Peak : 파도의 정점. 즉, 파도의 가장 높은 부분이자 파도가 깨지기 시작하는 지점.
· **세트** Set : 여러 개의 파도가 일정한 간격을 두고 밀려오는 것.
· **테이크 오프** Take Off : 서퍼가 파도를 잡고 보드 위에서 일어나는 것. 서퍼들은 파도 '타는' 것을 '잡는다'라고 표현한다.
· **와이프 아웃** Wipe Out : 서퍼가 중심을 잃고 보드 위에서 넘어지는 것.
· **라인 업** Line Up : 서퍼가 파도를 타기 위해 기다리는 곳.
· **패들링** Paddling : 파도를 타기 위해 양팔로 물을 저어 보드를 앞으로 밀고 나가는 동작.

꾸따 비치 Kuta Beach

초보 서퍼들은 여기로!

공항에서 차로 20여 분이면 도착해 발리 여행의 시작점이자 마지막 여행지가 되기도 하는
꾸따. 이 지역의 랜드마크를 꼽자면 단연 꾸따 비치다. 작은 어촌 마을이었던 꾸따 비치는
1970년대 초반 럭셔리 리조트, 레스토랑, 클럽 등이 해변을 따라 들어서면서 발리에서 가
장 인기 있는 해변으로 각광받기 시작했다. 꾸따 비치는 서핑을 처음 접하는 초보자들이 서
핑을 배우기에 최적의 장소다. 부드럽고 잔잔한 파도가 칠 뿐 아니라 서핑 강습을 진행하는
서핑 숍들이 해변가에 자리하고 있어 늘 인산인해를 이룬다. 하지만 서핑을 즐기지 않아도
이곳을 방문할 가치는 충분하다. 그저 해변에 누워 태닝을 해도 좋고 서퍼들을 구경해도 좋
다. 특히 해 질 무렵 형형색색으로 물드는 아름다운 석양은 눈을 뗄 수 없게 만든다. 여기에
시원한 맥주 한잔 곁들인다면 발리에서 보내는 완벽한 하루가 완성된다.

📍 Jl. Pantai Kuta, Kec. Kuta, Kabupaten Badung, Bali 80361 🏃 응우라라이 국제공항에서 차로 약 20분
🕐 24시간 ❌ 연중무휴 🪙 무료

바루서프 발리 Barusurf Bali

한국인이 운영하는 서핑 스쿨

발리에서는 처음으로 한국인이 설립한 서핑 스쿨로, 10년 넘도록 꿋꿋이 꾸따 비치를 지키고 있다. 서핑 초보자에게 꼭 필요한 안전 교육과 이론 수업을 한국어로 상세히 배울 수 있다는 것이 큰 장점이다. 바다에서 실전 강습을 진행하는 현지인 강사 역시 약간의 한국어를 구사한다. 대신 수업료는 비싼 편이다. 그날의 파도 환경에 따라 교육 시간이 달라지므로 미리 홈페이지에서 강습 시간을 확인할 것을 권한다.

📍Jl. Pantai Kuta, Legian, Kec. Kuta, Kabupaten Badung, Bali 80361 🚶꾸따 비치 북쪽에 위치 🕐06:00~18:00 ✖연중무휴 🏄그룹 강습(최대 4인) $40, 커플 강습(1:2) $45, 개인 강습(1:1) $60(카드 결제 불가, Rp로 결제 시 당일 환율 적용) ✈www.barusurf.com 💬barusurfbali 📷barusurfbali

---

오디세이 서프 스쿨 Odysseys Surf School

좋은 시설과 전문 교육을 겸비하다

2003년 문을 연 후 현재까지 꾸따 비치에서 꾸준히 사랑받는 서핑 스쿨 중 하나다. 모든 강습을 개인별 맞춤형으로 진행할 뿐 아니라 전체 강사진이 호주 서핑 강사 아카데미 출신이라 보다 전문적인 서핑 교육을 원하는 사람에게 제격이다. 스미냑, 르기안, 짐바란, 사누르, 누사두아 지역까지 무료 픽업 서비스를 제공하며, 대부분 현금으로만 수강료를 받는 다른 서핑 스쿨과는 달리 카드 결제가 가능하다.

📍Jl. Pantai Kuta, Kec. Kuta, Kabupaten Badung, Bali 80361 🚶꾸따 비치에서 도보 약 3분. 머큐어 꾸따 발리 호텔 아케이드 내 위치 🕐08:00~17:00 ✖연중무휴 🏄그룹 강습(최대 4인) 455,000Rp. 세미 프라이빗 강습(1:2) 580,000Rp, 프라이빗 강습(1:1) 790,000Rp (단, 프라이빗 강습은 6~9월 성수기와 12/24~1/5에는 130,000Rp 추가) ✈www.odysseysurfschool.com 💬odysseysurfbali 📞+62 81-755-5001/0021 📷odysseysurfbali

✳ Experience 03

데콤 발리 서프 스쿨
Dekom Bali Surf School

수준별 맞춤 강습을 제공하는 곳

영어와 일본어가 가능한 강사진을 갖춘 서핑 스쿨. 하루에 오전, 오후 두 클래스를 등록하면 할인된 가격으로 수업을 받을 수 있다.

📍 Jl. Pantai Kuta Pande Mas No.1, Kuta, Kec. Kuta, Kabupaten Badung, Bali 80361 🚶 꾸따 비치에서 도보 약 1분 🕐 08:00~17:00 ❌ 연중무휴 ✦ 그룹 강습(최대 3인) $33, 세미 프라이빗 강습(1:2) $43, 프라이빗 강습(1:1) $58(카드 결제 불가) ✈ www.dekomsurf.com 📞 +62 812-4617-2525

👁 Sightseeing 02

르기안 비치 Legian Beach
아침과 저녁, 두 얼굴을 지니다

꾸따와 스미냑 사이 르기안 지역에 자리한 해변으로 중급 이상의 서퍼도 즐겨 찾는 곳이다. 아침부터 오후까지는 한산하지만 밤에는 해변가 주변 레스토랑과 펍을 찾는 사람들로 북적인다.

📍 Jl. Pantai Legian, Legian, Kec. Kuta, Kabupaten Badung, Bali 80361 🚶 꾸따 비치에서 도보 약 13분 🕐 24시간 ❌ 연중무휴 ✦ 무료

워터봄 발리 Waterbom Bali
아이와 함께인 가족 여행자라면!

✳ Experience 04

한국과 같은 워터 파크를 기대했다면 실망할 수 있는 규모지만 자연 속에서 물놀이를 즐길 수 있어 차별화되는 곳이다. 22개의 슬라이드와 어트랙션, 풍성한 부대시설은 꾸따 일정 중 하루를 이곳에 할애해도 괜찮겠다는 생각이 들게 만든다. 방문자들이 입을 모아 추천하는 것은 더 클라이맥스(The Climax)로, 가파른 슬라이드 경사 덕에 20초면 물살을 가르고 지상에 도착한다. 튜브를 타고 물 위를 떠다니는 레이지 리버(Lazy River), 어린이를 위한 물 놀이터인 펀타스틱(Funtastic)도 인기. 리사이클링과 제로웨이스트를 실천하고 있다는 점도 특별하다.

📍 Jl. Kartika Plaza, Tuban, Kec. Kuta, Kabupaten Badang, Bali 80361 🚶 꾸따 비치에서 도보 약 17분. 디스커버리 쇼핑몰 근처 🕐 09:00~18:00 ✦ 싱글 데이 패스 성인 580,000Rp, 어린이(2~11세) 430,000Rp(온라인 구매 시 10% 할인) ✈ www.waterbom-bali.com 📷 waterbombali

꾸따에 서핑을 위한 스폿만 있는 것은 아니다.
유명 셰프의 레스토랑, 저렴한 가격에 맛있게 주린 배를 채울 수 있는
진짜 로컬 식당, 출국을 앞두고 기념품 사기 좋은 대형 몰과 상점까지,
추리고 추린 꾸따의 추천 스폿을 소개한다.

Best Spots
in Kuta

꾸따 추천 스폿

 Food & drink
 Shopping

팻 차우 Fat Chow 꾸따점 Kuta

지금 꾸따에서 가장 힙한 아시안 레스토랑

비치워크 쇼핑센터 뒷문 쪽 뽀삐스 거리 2를 걷다 보면 유난히 북적거리는 레스토랑, 팻 차우가 눈길을 사로잡는다. 분위기가 활기차고 시끌벅적해 혼자 들어서기가 망설여지지만, 가게로 한 발짝 내딛는 순간 친절한 직원이 눈인사를 건네며 내부로 안내한다. 빈티지한 인테리어와 곳곳에 자리한 식물은 구경하는 재미와 편안함을 선물한다. 아시안 요리가 주 메뉴로, 대체로 향신료의 맛이 강하게 느껴지지 않아 한국인의 입맛에 잘 맞는다는 평. 인기 메뉴는 '팻 차우스 프라이드 라이스'다. 해산물과 포크 소시지 중 재료를 선택할 수 있으며, 재료의 풍미가 고스란히 전달되는 맛이다.

📍 Jl. Poppies 2 No.7C, Kec. Kuta, Kabupaten Badung, Bali 80361 🚶 꾸따 비치에서 도보 약 2분. 비치워크 쇼핑센터 근처 🕐 10:00~22:00 ✖ 연중무휴 🍴 팻 차우스 프라이드 라이스(Fat Chow's Fried Rice) 78,000Rp/ 택스 & 서비스 차지 15% 별도 ✈ www.fatchowbali.com 📷 fatchowbali

잭프루트 브런치 앤 커피 Jackfruit Brunch & Coffee
나만 알고 싶은 브런치 맛집

꾸따에서는 보기 드문 분위기 좋은 브런치 맛집이다. 식당에 들어서면 1층 한가운데 자리 잡은 나무 한 그루가 시선을 끌고, 채광 좋은 통창과 높은 층고 덕분에 시원한 개방감을 자아낸다. 리코타 치즈 팬케이크, 크로크무슈, 아보 토스트도 맛있지만 오믈렛은 푹신하고 부드러운 식감을 자랑하며 기분 좋은 포만감을 선사한다. 거기에 적당한 산미의 블랙 커피까지 곁들인다면 만족스러운 한 끼 식사가 완성된다.

📍Jl. Raya Legian No.363, Legian, Kec. Kuta, Kabupaten Badung, Bali 8036 🚶꾸따 비치에서 도보 약 15분
🕐 07:00~22:00 ❌ 연중무휴 🍴 더 베스트 오믈렛(The Best Omelette) 88,000Rp. 아보 온 토스트(Avo on Toast) 76,000Rp. 블랙 커피(Black Coffee) 25,000Rp/ 택스 & 서비스 차지 15% 별도
📷 jackfruitbali

비치 볼 발리 Beach Bowl Bali 꾸따점 Kuta
휴양지 속 진짜 휴양지에서 건강한 요리를

꾸따 비치에서 5분 정도만 걸으면 볏짚 지붕을 얹은 레스토랑을 만날 수 있다. 바로 홈메이드 건강식을 표방하는 비치 볼 발리다. 메뉴판에는 글루텐 프리(GF)부터 비건 지향, 식재료 종류까지 상세하게 표시돼 있는데, 그래도 무엇을 선택해야 할지 고민스럽다면 곡물빵 위에 아보카도, 버섯, 루꼴라, 방울토마토, 비건 페타 치즈를 올린 '아보 토스티'를 주문해보자. 담백한 맛과 깔끔한 플레이팅이 고민을 무색하게 만든다. 취향에 맞게 선택이 가능한 스무디 볼도 인기 메뉴. 스미냑에도 지점이 있다.

📍Jl. Benesari, Pantai, Kec. Kuta, Kabupaten Badung, Bali 80361 🚶꾸따 비치 북쪽에 위치 🕐 08:00~17:00
❌ 연중무휴 🍴 아보 토스티(Avo tostie) 55,000Rp, 스무디 볼 (Smoothies Bowl) 65,000~80,000Rp
📷 beachbowlbali

크럼 앤 코스터 Crumb & Coaster
아는 사람은 다 아는 브런치 맛집

힙하고 깔끔한 식당이 드문 꾸따에서 꾸준히 인기 있는 브런치 레스토랑. 구글 맵스 리뷰 평점이 4.5만 넘어도 후한 점수인데 이곳은 4.7이 넘는다. 인도네시안 요리부터 아시안, 서양 음식을 아우르는 브런치 메뉴를 선보인다. 상큼한 과일이 가득한 '베네사리 스무디 볼'은 가벼운 한 끼로 그만이다. 이른 아침부터 밤까지 운영하는 이곳에는 식사 시간과 상관없이 늘 사람이 많은데, 깔끔한 맛을 자랑하는 스페셜티 커피 덕분이다. 가볍지도 과하게 진하지도 않아 호불호가 드문 커피 한잔 곁들이면 어떨까.

📍 Jl. Benesari No.2E, Kec. Kuta, Kabupaten Badung, Bali 80361
🚶 꾸따 비치에서 도보 약 7분 🕐 07:30~23:00 ✕ 연중무휴
🍴 베네사리 스무디 볼(The Benesai Smoothie Bowl)
95,000Rp, 시그니처 콜드브루(Signature Cold Brew)
40,000Rp/ 택스 & 서비스 차지 15% 별도
📷 crumbandcoaster

베니 카페 Benih Cafe
조용하고 친절한 브런치 식당

비치 볼 발리와 크럼 앤 코스터를 합쳐놓은 듯한 인기 브런치 레스토랑. 소규모 인원을 위한 좌석이 마련되어 있고 직원들도 친절해 혼자서도 식사를 즐기기에 좋은 곳이다. 신선한 과일이 인상적인 '스무디 볼'과 인도네시아식 옥수수전에 샐러드를 곁들인 '콘 프리터'를 비롯해 다양한 아침 식사, 브런치 메뉴, 샐러드, 버거, 파스타 등이 있다. 메뉴판에는 비건(V) 표시가 잘되어 있다. 커피는 산미가 있지만 맛있다는 평.

📍 Jl. Benesari No.77, Kec. Kuta, Kabupaten Badung, Bali 80361 🚶 꾸따 비치에서 도보 약 10분. 포 포인츠 바이 쉐라톤 발리 꾸따 근처 🕐 07:30~22:00 ✕ 연중무휴 🍴 콘 프리터 (Corn Fritter) 55,000Rp, 스무디 볼 (Smoothie Bowls) 80,000R/ 택스 & 서비스 차지 15% 별도 📷 benihcafe

제이미 올리버 키친 Jamie Oliver Kitchen 꾸따비치점 Kuta Beach

허기진 배를 든든히 채우고 싶다면

스타 셰프 제이미 올리버의 캐주얼 레스토랑으로, 아시아에서는 방콕과 이곳 발리 꾸따에 지점을 열었다. 버거, 피자 등 서양 음식과 현지 재료를 사용한 인도네시안 요리를 선보인다. 예산은 100,000~300,000Rp로 다른 캐주얼 레스토랑보다 최대 3배가량 비싸지만 육즙이 살아 있는 스테이크만큼은 훌륭하다는 평. 패티가 신선하고 감자튀김이 사이드로 나오는 '키친 버거'도 추천한다.

📍 Jl. Pantai Kuta, Banjar Pande Mas, Kec. Kuta, Kabupaten Badung, Bali 80361 🚶 꾸따 비치에서 도보 약 7분. 하드 록 호텔 발리 록 숍 옆 🕐 12:00~23:00 ❌ 연중무휴 💲 립 아이 (Rib-Eye) 419,000Rp, 키친 버거(Kitchen Burger) 179,000Rp/ 택스 & 서비스 차지 21% 별도 ✈ www.jamieoliverkitchen-id.com 📷 jamieoliverkitchenid

---

신타 와룽 Shinta Warung

여유롭게 식사에 집중하는 시간

꾸따 중심지에서 떨어져 있지만 1995년에 오픈한 이래 많은 여행자에게 사랑받아 온 곳이다. 이곳을 찾는 손님들은 최대한 느긋이 식사를 즐기는 편인데, 인도네시아 가정집 같은 아늑한 분위기가 한몫한다. 그래서일까, 이곳에서는 시간이 천천히 흐른다. 날씨가 좋은 날은 야외 자리를 추천. 볶음 국수 미고렝은 짠 편이지만 빈탕 맥주와 환상의 조합을 이룬다.

📍 Jl. Kartika Plaza, Gg.Puspa Ayu, Kec. Kuta, Kabupaten Badung, Bali 80361 🚶 꾸따 비치에서 도보 약 20분. 워터봄 발리 근처 🕐 13:00~22:00 ❌ 연중무휴 💲 미고렝(Mie Goreng) 35,000Rp. 빈탕(Bintang) 맥주 35,000Rp 📷 shintawarung

와룽 인도네시아 Warung Indonesia
현지인이 사랑하는 진짜 로컬 식당

와룽 인도네시아의 나시참푸르는 꾸따에서 맛있기로 소문이 나 있다. 저렴한 가격과 월등히 많은 반찬 가짓 수도 인기에 한몫한다. 직접 원하는 반찬을 골라 가짓 수에 따른 가격표를 받고 식사가 끝난 후 카운터에서 계산하면 된다.

♥ JI. Popies 2 Gg. Ronta, Kec. Kuta, Kabupaten Badung, Bali 80361 🚶 꾸따 비치에서 도보 약 10분 🕐 11:00~23:00 ⊗ 일요일
🍴 나시참푸르(Nasi Campur) 25,000Rp~/ 현금 결제만 가능
📷 warungindonesia Ｇ Warung Indonesia Kuta

와룽 셰프 바구스 Warung Chef Bagus ^{꾸따집 Kuta}
인도네시아 국민 요리 사테 전문점

유명 셰프 바구스의 등갈비 & 사테 요리 전문점. 사테(Sate) 란 양념 꼬치구이로, 이곳의 새우 사테는 불 맛이 강하고 부드럽다. 세트 요리 중심이라 가격과 양이 부담스럽지만, 음식이 남을 경우 포장도 가능하다.

♥ JI. Bakung Sari No.43, Kec. Kuta, Kabupaten Badung, Bali 80361 🚶 꾸따 비치에서 도보 약 10분 🕐 12:00~21:00 ⊗ 연중무휴
🍴 믹스 사테 세트(Mix Sate) 175,000Rp ✈ www.
warungchefbagus.com 📞 +62 878-6139-2149
📷 warungchefbagus

와룽 엔닉 르기안 Warung Etnik Legian
맛은 기본, 노천 분위기까지 굿

30년 가까이 자리를 지키고 있는 와룽 엔닉 르기안은 음식 맛이 기본 이상이며 가격도 저렴해 부담이 없다. 인도네시안 요리부터 피자, 버거까지 종류도 다양해 골라 먹는 재미가 있다. 라이브 공연도 꽤 볼 만하다.

♥ JI. Raya Legian No.355, Legian, Kec. Kuta, Kabupaten Badung, Bali 80361 🚶 꾸따 비치에서 도보 약 10분
🕐 09:00~24:00(라이브 공연 화·목요일 20:00) ⊗ 연중무휴
🍴 나시고렝(Nasi Goreng) 35,000~50,000Rp, 미고렝(Mi Goreng) 35,000~50,000Rp, 칵테일(Cocktail) 95,000Rp/ 택스 & 서비스 차지 15% 별도 📷 etnikevolutions

 Food & Drink 11

두랑 카페 Dulang Kafe
오픈 키친 너머 불 쇼 보는 재미

한때 쇼핑 번화가로 유명했던 꾸따 스퀘어에 1997년 오픈한 인기 음식점. 나시고렝을 비롯한 정통 아시안 요리가 메인이며, 매일 저녁 5시부터 9시까지 오픈 키친 너머로 셰프의 철판구이 불 쇼가 펼쳐진다.

♥ Jl. Bakung Sari No.1, Kec. Kuta, Kabupaten Badung, Bali 80361 ⚡ 꾸따 비치에서 도보 약 14분. 맥도날드 꾸따 스퀘어점 옆 🕐 08:00~23:00 ❌ 연중무휴 🍴 나시 고렝 캄풍(Nasi Goreng Kampung) 95,000Rp/ 택스 & 서비스 차지 15% 별도 📷 dulangkafe

 Food & Drink 12

메부이 베트남키친 MeVui Vietnam Kitchen 르기안점 Legian
메뉴가 다양한 베트남 음식 체인점

서핑 후 따뜻한 국물이 생각난다면 당장 이곳으로 달려가자. 사누르, 짱구 등에 지점이 있으며, 평균적으로 만족할 만한 맛이다. 재료 본연의 맛을 살린 쌀국수와 분짜 모두 합격점. 차가 지나다니는 야외 좌석보다는 실내 자리를 추천한다.

♥ Komplek Lawa lounge, Jl. Raya Legian, Legian, Kec. Kuta, Kabupaten Badung, Bali 80361 ⚡ 르기안 거리에 위치, 꾸따 비치에서 도보 약 10분 🕐 09:00~22:00 ❌ 연중무휴 🍴 포 사이공 (Pho Sai Gon) 58,000~88,000Rp, 분짜 하노이(Bun Cha Ha Noi) 65,000Rp/ 택스 & 서비스 차지 15% 별도 📷 mevuibali

 Food & Drink 13

레몬그라스 타이 Lemongrass Thai
깔끔하고 쾌적한 분위기의 태국 레스토랑

신맛과 매운맛이 조화로운 똠얌꿍부터 태국식 볶음면 팟타이와 볶음밥 카오팟까지, 태국 요리를 정갈하게 내어준다. 향신료가 강하게 느껴지지 않아 부담 없다는 평. 가격대가 높은 편이며, 주말 저녁 시간대 방문 시 예약 필수다.

♥ Jl. Melasti, Legian, Kec. Kuta, Kabupaten Badung, Bali 80361 ⚡ 꾸따 비치에서 도보 약 10분 🕐 11:00~23:00 ❌ 연중무휴 🍴 똠얌꿍(Tom Yum Goong) 65,000Rp, 팟타이(The Pad Thai) 110,000Rp/ 택스 & 서비스 차지 16% 별도 ✈ www.wearelemongrass.com(예약 가능) 📷 lemongrass_bali G Lemongrass Thai bali

아라비카 발리 %Aarabica Bali 꾸따 비치워크점 Kuta Beachwalk

이제 발리에서도 '응 커피' 한잔

줄기 양쪽의 생두를 표현한 퍼센트(%) 모양의 로고 때문에 일명 '응 커피'로 불리며 홍콩과 일본, 최근 한국에서까지 선풍적인 인기를 끌고 있는 카페 아라비카. 발리의 유일한 아라비카 지점인 꾸따점은 가게 밖까지 항상 길게 늘어선 줄이 현재 가장 핫한 카페임을 방증한다. 시그니처 메뉴인 교토 라테에는 연유가 들어가는데, 우유를 두유로 변경하면 많이 달지 않고 일반 라테보다 맛이 고소하다. 진한 풍미를 자랑하는 말차 소프트아이스크림도 추천. 울루와뚜에도 지점이 있다.

📍 Jl. Pantai Kuta, Kec. Kuta, Kabupaten Badung, Bali 80361 🚶 비치워크 쇼핑센터 1층 🕐 월~목요일 08:00~22:00, 금~일요일 08:00~23:00 ✖ 연중무휴 🍴 교토 라테 (Kyoto Latte) (hot) 53,000Rp(8oz), (ice) 63,000Rp(16oz), 소이 밀크 변경 시 15,000Rp 추가/ %말차 소프트크림콘(%Matcha Soft Cream) 63,000Rp(cone) ✈ www.arabica.coffee/en 📷 arabica.bali

엑스팟 로스터스 Expat. Roasters 비치워크점 Beachwalk

커피 애호가를 위한 깔끔한 공간

꾸따에서 제대로 된 스페셜티 커피를 맛보고 싶다면 비치워크에 있는 엑스팟 로스터스로 향하자. 인도네시아는 스페셜티 커피를 전문적으로 재배하는 국가로, 엑스팟 로스터스에선 로컬 커피 농장에서 공수한 양질의 생두를 직접 로스팅해 커피를 추출한다. 이곳 커피의 진수는 V60 필터 커피. 적당히 진하고 맛이 깔끔해 입이 즐겁다.

📍 Jl. Pantai Kuta No.1, Kec. Kuta, Kabupaten Badung, Bali 80361 🚶 비치워크 쇼핑센터 3층 🕐 월~목요일 10:00~22:00, 금~일요일 10:00~23:00 ❌ 연중무휴 🍴 V60 필터(V60 Filter) 48,000Rp/ 택스 & 서비스 차지 15% 별도 ✈ www.expatroasters.com
📷 expatroasters

리퍼블릭 88 커피 앤 이터리 Republic 88 Coffee & Eatery

아이스 라테 러버들은 이곳으로!

작지만 소란스럽지 않은 편안한 분위기 덕분에 오래 머물고 싶은 카페. 1층과 2층 중에서 에어컨이 있는 1층 자리가 인기다. 간단한 아침 식사부터 폭립, 나시고렝, 파스타 등 다양한 요리와 커피 메뉴를 선보인다. 그중 시그니처 커피인 아이스 크리미 라테는 폴 바셋의 라테와 대적할 만한 맛이라는 평이 자자하다.

📍 Jl. Raya Legian No.355, Legian, Kec. Kuta, Kabupaten Badung, Bali 80361 🚶 꾸따 비치에서 도보 약 10분 🕐 06:00~23:00 ❌ 연중 무휴 🍴 아이스 크리미 라테(Ice Creamy Latte) 42,000Rp, 아침 식사(Breakfast) 50,000~85,000Rp 📷 republic88coffee

Food & Drink 17

마데스 와룽 Made's Warung 꾸따점 Kuta
50년 넘게 성업 중인 로컬 체인점

1969년에 오픈한 마데스 와룽의 첫 매장. 깨끗한 공간, 호불호가 갈리지 않은 메뉴, 합리적인 가격으로 인도네시아 전통 요리를 즐기기 좋은 곳이다. 스미냑에도 지점이 있다.

📍 JI. Pantai Kuta, Kec. Kuta, Kabupaten Badung, Bali 80361
🚶 꾸따 비치에서 도보 약 11분 🕐 10:00~22:00 ❌ 연중무휴
🍴 나시참푸르(Nasi Campur) 43,000~68,000Rp/ 택스 & 서비스
차지 15% 별도 ✈ www.madeswarung.com/restaurant/kuta

Food & Drink 18

카페 사르데냐 Cafe Sardinia
꾸따에서 제대로 맛보는 서양 음식

오전 8시에 문을 여는 만큼 과일 플래터, 팬케이크, 에그 베네딕트, 토스트 등의 아침 메뉴를 판다. 베지테리언(V), 글루텐 프리(GF), 고기 포함(P) 등 메뉴 표기도 상세하다. 가격대는 높은 편.

📍 JI. Pantai Kuta, Kec. Kuta, Kabupaten Badung, Bali 80361
🚶 비치워크 쇼핑센터 1층 🕐 월~목요일 08:00~22:00, 금~토요일
08:00~23:00 ❌ 연중무휴 🍴 아침 메뉴 49,000~121,000Rp/
택스 & 서비스 차지 18% 별도 ✈ www.cafesardinia.com 📞 +62
813-3718-2421 📷 cafesardinia

Food & Drink 19

스탁지 바 앤 그릴 Stakz Bar & Grill
가성비 좋은 호주식 스테이크 전문점

재료 본연의 맛을 살린 스테이크를 즐길 수 있는 곳. 인기 메뉴는 숯불로 구운 안심스테이크 '그라스 피드 텐더로인'으로, 곁들여 나오는 으깬 감자와 그레이비 소스도 일품이다.

📍 JI. Benesari, Poppies 2, Kec. Kuta, Kabupaten Badung, Bali
80361 🚶 꾸따 비치에서 도보 약 8분 🕐 07:00~23:00 ❌ 연중무휴
🍴 그라스 피드 텐더로인(Grass Fed Tenderloin) 269,000Rp/
택스 & 서비스 차지 15% 별도 ✈ www.stakzbarandgrill.com
📷 stakzbarandgrillkuta

Food & Drink 20

코피 팟 Kopi Pot
발리 전통 가옥에서 커피 타임

1990년에 문을 연 작은 카페가 현재는 다양한 인도네시안 음식과 세계 각국의 요리를 선보이는 레스토랑으로 거듭났다. 녹음이 우거진 정원은 도심 속 여유를 선물한다.

📍 JI. Raya Legian No.139, Kec. Kuta, Kabupaten Badung, Bali
80361 🚶 꾸따 비치에서 도보 약 13분. 르기안 거리에 위치
🕐 07:00~23:00 ❌ 연중무휴 🍴 나시 고렝(Nasi Goreng)
47,000Rp / 택스 & 서비스 차지 17% 별도

Food & Drink 21

돈주앙 멕시칸 레스토랑 앤 바
Don Juan Mexican Restaurant & Bar 꾸따점 Kuta
흥겨운 음악과 함께 멕시칸 요리를!

르기안 거리 남쪽 끝에 위치한 멕시칸 전문 음식점. 개성 있는 칵테일 메뉴도 잘 갖췄다. 정통 멕시칸 요리를 제공하므로 고수와 향신료가 생소한 사람이라면 케사디야를 추천.

📍 JI. Pantai Kuta No.3, Kec. Kuta, Kabupaten Badung, Bali
80361 🚶 꾸따 비치에서 도보 약 12분 🕐 08:00~23:30 ❌ 연중무휴
🍴 케사디아(Quesadillas) 60,000~115,000Rp/ 택스 & 서비스
차지 15.5% 별도 ✈ www.donjuan.id 📷 donjuan.bali

Food & Drink 22

하드 록 카페 발리 Hard Rock Cafe Bali
세계적인 체인 레스토랑 & 펍

하드 록 카페의 발리 지점. 일반 펍에 비해 가격대는 2배가량 높지만 유쾌한 분위기 속에서 푸짐한 한 끼를 즐기기에 좋다. 매일 저녁 9시에 라이브 공연이 열린다.

📍 JI. Pantai Kuta, Kec. Kuta, Kabupaten Badung, Bali 80361
🚶 꾸따 비치에서 도보 약 5분 🕐 일~목요일 11:00~01:00, 금~
토요일 11:00~02:00 ❌ 연중무휴 🍴 시그니처 칵테일(Signature
Cocktails) 109,000~139,000Rp/ 택스 & 서비스 차지 18.25% 별도
✈ www.hardrockcafe.com/location/bali(라이브 공연 일정과 정보
확인 가능) 📷 hardrockcafebali

비치워크 쇼핑센터 Beachwalk Shopping Center

산책하듯 쇼핑하는 복합 몰

'비치워크'라는 이름처럼 꾸따 비치를 따라 걷다 보면 자연스레 마주치는 발리의 대표 쇼핑몰로, 쇼핑부터 숙박까지 모든 것을 한 곳에서 누릴 수 있는 원스톱 플레이스다. 탁 트인 공간에 지하 1층부터 지상 3층까지 규모로 브랜드 숍과 레스토랑, 카페, 영화관, 마트 등이 자리하고, 쉐라톤 발리 꾸따 리조트, 옐로 호텔, 알로프트 발리 등의 호텔과도 연결된다. 한국에서도 만날 수 있는 H&M, 자라, 풀앤베어 같은 해외 브랜드가 많지만 저렴한 편은 아니라서 쇼핑보다는 가성비 좋은 3층의 푸드 코트나 지하 1층의 마트를 찾는 여행자가 많다. 아라비카 발리»p.141, 엑스팟 로스터스»p.142 같은 카페에서 쉬어 가기도 좋다. 실내가 개방된 오픈형 쇼핑몰이라 여타 대형 몰과 달리 더운 편. 쇼핑센터 3층에서 바라보는 꾸따 비치의 일몰은 놓치지 말자.

📍 Jl. Pantai Kuta, Kec. Kuta, Kabupaten Badung, Bali 80361 🚶 꾸따 비치에서 도보 약 1분 🕐 월~목요일 10:00~22:00, 금~일요일 10:00~23:00 ❌ 연중무휴 🌐 www.beachwalkbali.com 📷 beachwalk_bali

센사티아 보태니컬스 Sensatia Botanicals 르기안 꾸따껄 Legian Kuta
발리의 대표 천연 코즈메틱 브랜드

인도네시아 전역에만 20개가 넘는 지점이 있는 발리의 스킨케어 브랜드. 친환경 원료만을 사용해 발리에서 최초로 GMP(Good Manufacturing Practice : 우수 의약품 제조 관리 기준) 인증을 획득했다. 르기안 꾸따점은 규모는 크지 않지만 직원이 친근하게 여행자를 반긴다. 시그니처 제품은 네롤리 블로섬 페이셜 시-세럼 립밤, 치약, 비누는 선물용으로도 그만이다. 환불은 당일만 가능.

📍 Jl. Raya Legian No.133, Kec. Kuta, Kabupaten Badung, Bali 80361 🚶 꾸따 비치에서 도보 약 13분. 르기안 거리에 위치 🕐 09:00~22:00 ⊗ 연중무휴 🛍 네롤리 블로섬 페이셜 시-세럼 (Neroli Blossom Facial C-Serum) 180,000Rp ✈ www.sensatia. com 📞 +62 812-4658-8355 📷 sensatiabotanicals

피퍼 Fipper 르기안 스토어 Legian Store
내 발에 선물하는 궁극의 편안함

2014년 꾸따에 처음 문을 열어 발리에만 10개가 넘는 지점을 두고 있는 피퍼는 발리에서 자주 마주치는 숍들 중 하나다. 100% 천연 고무만을 사용해 착용감 편한 슬리퍼와 샌들을 선보인다. 더욱이 슬리퍼 가격도 1만 원 이하로 저렴하고 스타일까지 폭넓어 어떤 취향을 가진 사람이든 마음에 맞는 슬리퍼 한두 개쯤은 가뿐히 고를 수 있다.

📍 Jl. Raya Legian No.394, Kec. Kuta, Kabupaten Badung, Bali 80361 🚶 꾸따 비치에서 도보 약 15분. 르기안 거리에 위치 🕐 09:00~23:00 ⊗ 연중무휴 👡 베이식 에스(Basic S) 85,000Rp. 슬림(Slim) 100,000Rp ✈ www.fipperindonesia.com Ⓖ Fipper Official Store Legian

Shopping 04

켄카나 아트 마켓 Kencana Art Market

흥정에 지친 자여, 여기로 오라!

르기안 거리에 간다면 흥정이 필요 없는 켄카나 아트 마켓을 방문해보자. 저렴한 가격에 정찰제로 마그넷, 코스터, 식기류 등을 구입할 수 있다.

📍Jl. Raya Legian No.357, Kec. Kuta, Kabupaten Badung, Bali 80361 🚶꾸따 비치에서 도보 약 17분. 르기안 거리에 위치 🕐11:00~21:00 ❌연중무휴 🏷마그넷 20,000Rp~, 사롱 45,000Rp~ 📷kencana_art_market

Shopping 05

디스커버리 쇼핑몰 Discovery Shopping Mall
잠시 쉬어 가기 좋은 곳

비치워크 쇼핑센터가 생기기 전에는 꾸따의 대표 쇼핑몰이었으나 현재는 가볍게 식사를 하거나 만남의 장소로 이용된다. 지하 1층부터 지상 3층까지, 소고백화점을 비롯해 중저가 브랜드 숍들이 자리한다.

📍Jl. Kartika Plaza, Kec. Kuta, Kabupaten Badung, Bali 80361 🚶꾸따 비치에서 도보 약 18분. 워터봄 발리 근처 🕐10:00~22:00 ❌연중무휴 ✈www.discoveryshoppingmall.com

Shopping 06

헤븐리 초콜릿 발리

Heavenly Chocolate Bali 데위 스리 르기안점 Dewi Sri Legian

발리의 로이스 초콜릿

일본의 초콜릿 브랜드인 로이스 초콜릿과 맛과 모양이 비슷하다. 베스트셀러는 말차 초콜릿으로 입에 넣는 순간 쌉싸름한 말차의 풍미와 달콤함이 퍼진다.

📍Jl. Dewi Sri No.23 Blok 3, Legian, Kec. Kuta, Kabupaten Badung, Bali 80361 🚶꾸따 비치에서 차로 약 8분 🕐월~토요일 08:00~21:00 ❌일요일 🏷말차 초콜릿(Matcha) 135,000Rp/ 택스 11% 별도 📷heavenlychocolatebali

Shopping 07

파이 수수 아슬리 에낙 Pie Susu Asli Enaaak
데위 스리점 Dewi Sri

부담 없이 선물하기 좋은 디저트

1989년부터 우유 파이를 판매해온 파이 전문점이다. 너무 달지 않으면서도 부드럽고 촉촉한 맛이 특징. 단, 유통기한이 짧으니 귀국 직전 구입하자.

📍Blok, B Jl. Dewi Sri VIII No.8, Legian, Kec. Kuta, Kabupaten Badung, Bali 80361 🚶꾸따 비치에서 차로 약 7분 🕐08:00~21:00 ❌연중무휴 🏷오리지널 1박스(10개입) 35,000Rp ✈www.piesusuaslienaaak.id 📷pie_susu_asli_enaaak

Part 04

우리들의
세 번째 여행지,
스미냑

Seminyak

우리가 스미냑에 가야 하는 이유

스미냑은 "발리의 가로수길" 혹은 "청담동"이라 불릴 정도로 발리 트렌드의 중심지 역할을 해왔다. 스미냑의 메인 거리인 잘란 카유 아야에는 트렌디한 카페와 레스토랑, 디자이너 부티크 숍이 늘어서 있고 해변가에는 발리 비치 클럽의 원조 격이라고 할 수 있는 인기 스폿들이 자리한다. 이러한 이유로 고급 호텔이나 리조트에서 호캉스를 즐기며 맛집 탐방과 쇼핑을 즐기기에 최상의 입지를 자랑하는 지역으로 손꼽히곤 한다. 하지만 뜨는 곳이 있으면 지는 곳이 있듯, 스미냑을 대체할 인기 지역으로 현재 짱구와 울루와뚜가 떠오른 것도 사실이다.

그럼에도 스미냑은 건재하다. 시간이 녹아 있는, 무르익은 농후함이 느껴진달까. 사라지고 들어서기를 반복하다 이제는 단단히 자리 잡은 상점과 레스토랑, 카페, 비치 클럽이 자신만의 색깔과 매력을 확실히 드러낸다.

스미냑에서 보내는 시간은 지루할 틈이 없다. 다양한 메뉴 선택의 즐거움을 주는 레스토랑에서 브런치를 먹고, 휴양지 룩의 정석을 보여주는 부티크 숍에서 쇼핑을 하고, 물감을 칠한 듯 형형색색인 석양을 감상할 수 있는 비치 클럽에서 하루를 마무리해보자.

스미냑 교통

응우라라이 국제공항에서 스미냑으로

공항 택시
공항 1층 입국장 출구에 있는 택시
스탠드에서 택시를 배정받는다.
· **공항-스미냑** 약 25~30분, 170,000~200,000Rp
· 유료 도로 이용 시 통행료 지불

차량 공유 플랫폼
고젝과 그랩 애플리케이션으로 차량을
호출한다. 공항세 및 톨비 등을 지불해야
하며, 새벽에 공항에 도착할 경우
할증료가 붙기도 한다.
· **공항-스미냑** 약 25~30분

픽업 서비스 차량
클룩 또는 마이리얼트립 등을 통해 예약할
수 있다. 공항 1층 입국장 출구 미팅
포인트에서 드라이버를 만나면 된다.
· **공항-스미냑** 약 25~30분, 133,650Rp(요금 상시 변동)

숙소 차량
미리 숙소에 픽업 서비스를 신청하면
숙소 차량으로 공항에서 호텔이나
리조트까지 픽업해준다.
· 숙소마다 가격 상이

스미냑에서 주변 지역으로

택시
스미냑에서 다른 지역으로 이동할 때 가장 많이 이용하는 교통수단은 택시다. 대기 중인 빈 택시를 잡아탈 수도 있지만, 미리 요금과 소요 시간 등을 확인할 수 있는 고젝, 그랩 또는 블루버드 애플리케이션으로 차량을 호출해 이용하는 경우가 많다. 차량 상태나 서비스는 별반 다르지 않지만 가격은 10,000~50,000Rp 정도 차이가 나므로 가격 비교 후 업체를 선택한다.
· **스미냑-우붓** 약 1시간~1시간 30분 · **스미냑-꾸따** 약 20~30분 · **스미냑-짱구** 약 30~50분
· **스미냑-울루와뚜** 약 40분~1시간 20분 · **스미냑-사누르** 약 30~45분 · **스미냑-누사두아** 30~45분

바이크
일종의 오토바이 택시인 고젝 바이크와 그랩 바이크는 저렴하고 빠른 이동이 가능하다. 다만 짐이 있을 경우 이용이 어렵고 장거리는 위험할 수 있다.

스미냑 내 이동하기

도보
도보로 10분 내외의 거리는 걸어서 충분히 다닐 수 있다. 하지만 대부분의 도로가 폭이 좁고 노후된 노면이며 인도가 없는 곳도 많아 불편하다. 항상 차와 오토바이를 조심할 것.

바이크/택시
스미냑 내에서 여행자가 주로 이용하는 교통수단은 바이크, 즉 오토바이 택시다. 스미냑 도로 대부분은 일차선 또는 이차선으로, 교통 체증이 심각하기 때문에 오토바이 택시를 타고 이동하는 것이 비용과 시간 면에서 합리적이다. 다만 늘 안전에 주의할 것.

Course

스미냑 추천 코스

1박 2일 코스

발리에서 '가장 세련되고 트렌디한 동네'의 원조는 뭐니 뭐니 해도 스미냑이다. 시간이 지날수록
농후한 매력이 느껴지는 스미냑의 핫플레이스를 소개한다.

1일 차

11:00

도보 5분

킬로 키친 발리에서 브런치로
여유롭게 아침 시작 » p.168

13:00

도보 7분

젤라토 팩토리에서 아이스크림 맛보기
» p.184

14:00

도보 10분

잘란 카유 아야 거닐며 쇼핑
» p.171

16:00

바이크 15분

카페 킴 수에서 커피 한잔
» p.183

17:30

스미냑 비치 산책하며 아름다운 석양
즐기기 » p.175

2일 차

10:00

눅에서 아침 식사 » p.169

바이크 15분

11:30

미세스 시피 발리에서 물놀이 즐기기
» p.185

바이크 10분

14:30

보 앤 번에서 점심 식사 » p.177

도보 3분

15:30

마하나 » p.186, 위디 숍 » p.187에서 쇼핑

도보 7분

키 아시아추에서 마사지 받기
» p.302

16:30

바이크 8분

18:30

와룽 니아에서 저녁 식사 » p.181

도보 10분

20:30

모텔 멕시콜라에서 칵테일 한잔
» p.179

Map 01

스미냑 여행 지도

맛집과 부티크 숍이 많은 스미냑에는 호캉스를 하며 쇼핑과 식도락을 즐기려는 여행자가 주로 머문다.
자연스레 주변 지역보다 상대적으로 가격이 높은 고급 호텔이 많이 자리한다.

Area 01. 잘란 카유 아야 & 스미냑 스퀘어 주변
스미냑은 다른 지역에 비해 숙소가 비싼 편이지만 잘란 카유 아야(Jl. Kayu Aya)와 스미냑
스퀘어(Seminyak Square) 주변으로는 가성비 좋은 숙소가 모여 있다. 이 지역에선 유명 레스토랑과
부티크 숍을 도보로 이동할 수 있어 편리하다.

Pick 추천 숙소
· **유 파샤 스미냑** U Pasha Seminyak ★★★★ 20만 원대 중반
· **아이즈 스미냑** IZE Seminyak ★★★★ 10만 원대 중후반
· **아마데아 리조트 앤 빌라 스미냑** Amadea Resort & Villas Seminyak ★★★★ 8만~10만 원
· **스미냑 스퀘어 호텔** Seminyak Square Hotel ★★★ 5만~8만 원
· **아난다 리조트 스미냑** Anada Resort Seminyak ★★★ 5만~7만 원

Area 02. 더블 식스 비치부터 판타이 바투 벨리그까지
스미냑 지역의 해변 주변, 즉 더블 식스 비치(Double Six Beach)부터 판타이 바투 벨리그(Pantai Batu
Belig)까지 풀빌라와 고급 리조트가 밀집해 있다. 근처에 유명 클럽과 바가 있어 나이트 라이프를
즐기기에도 좋다. 가격은 상당히 높은 편이며, 신혼부부에게 인기가 많다.

Pick 추천 숙소
· **더 르기안 스미냑 발리** The Legian Seminyak Bali ★★★★★ 70만~80만 원대
· **더블유 발리 스미냑** W Bali Seminyak ★★★★★ 70만 원대
· **더 사마야 스미냑 발리** The Samaya Seminyak Bali ★★★★★ 60만~70만 원대
· **알릴라 스미냑** Alila Seminyak ★★★★★ 60만~70만 원대
· **포테이토 헤드 스위트 앤 스튜디오** Potato Head Suites & Studios ★★★★★ 50만~60만 원대
· **스미냑 비치 리조트 앤 스파** The Seminyak Beach Resort & Spa ★★★★★ 50만 원대
· **호텔 인디고 발리 스미냑 비치** Hotel Indigo Bali Seminyak Beach ★★★★★ 30만~40만 원대
· **아난타라 스미냑 발리 리조트** Anantara Seminyak Bali Resort ★★★★★ 30만 원대 중반
· **더블 식스 럭셔리 호텔** Double Six Luxury Hotel ★★★★★ 30만 원대

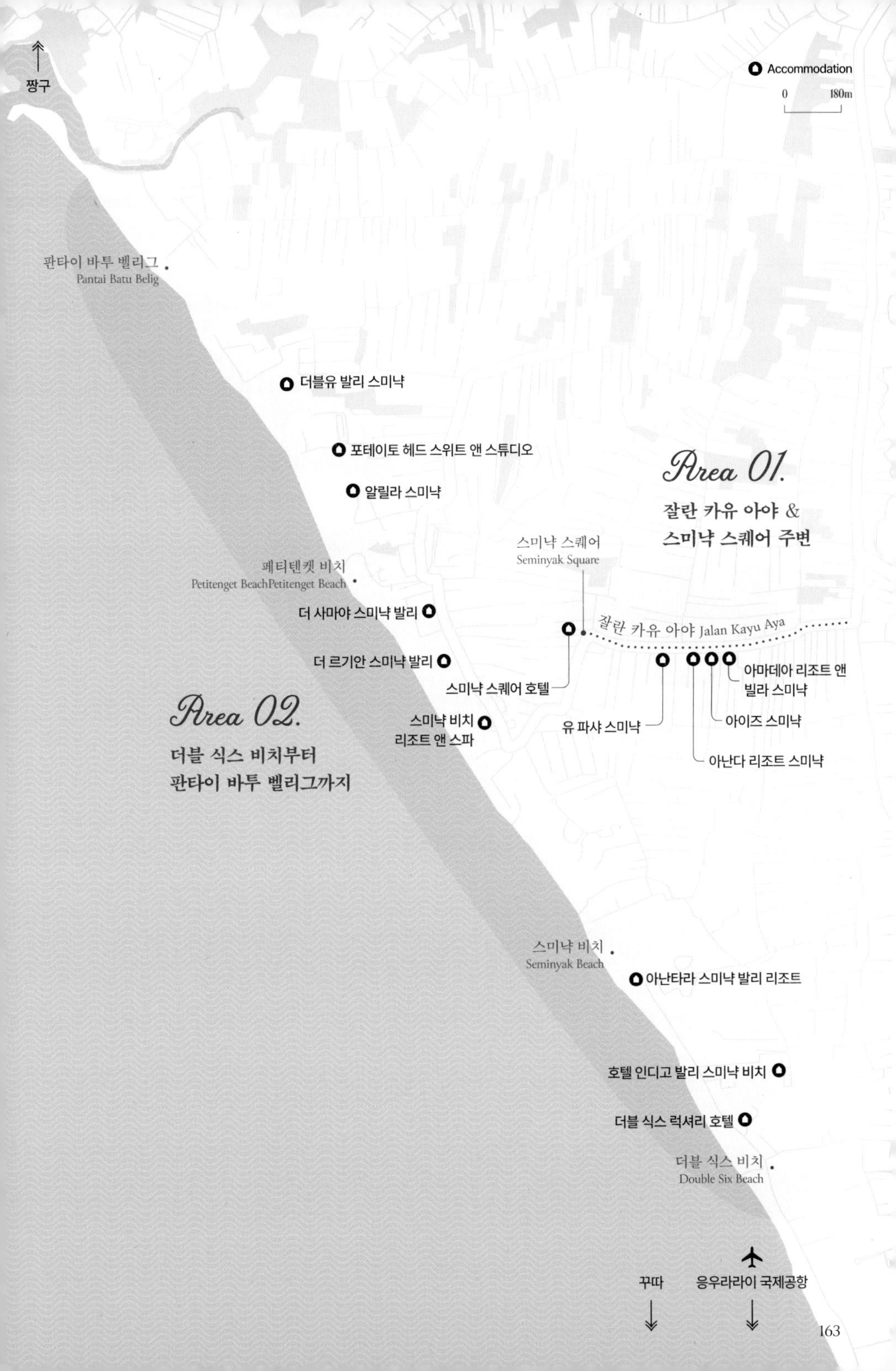

● Accommodation

0   180m

판타이 바투 벨리그 .
Pantai Batu Belig

● 더블유 발리 스미냑

● 포테이토 헤드 스위트 앤 스튜디오

● 알릴라 스미냑

스미냑 스퀘어
Seminyak Square

Area 01.
잘란 카유 아야 &
스미냑 스퀘어 주변

페티텐켓 비치 .
Petitenget BeachPetitenget Beach

● 더 사마야 스미냑 발리

잘란 카유 아야 Jalan Kayu Aya

● 더 르기안 스미냑 발리

● 스미냑 스퀘어 호텔

● 아마데아 리조트 앤
빌라 스미냑

Area 02.
더블 식스 비치부터
판타이 바투 벨리그까지

스미냑 비치 ●
리조트 앤 스파

● 유 파샤 스미냑

● 아이즈 스미냑

● 아난다 리조트 스미냑

스미냑 비치 .
Seminyak Beach

● 아난타라 스미냑 발리 리조트

● 호텔 인디고 발리 스미냑 비치

● 더블 식스 럭셔리 호텔

더블 식스 비치
Double Six Beach

✈
꾸따   응우라라이 국제공항
↓   ↓

163

Map 02

스미냑 스폿 지도

- ◉ Sightseeing
- ✳ Experience
- ✖ Food & Drink
- 🛍 Shopping

0　　200m

Indian Ocean

인도양

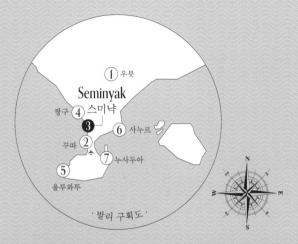

① 우붓
Seminyak
짱구 ④ 스미냑
③
⑥ 사누르
꾸따
②
⑦ 누사두아
⑤
울루와뚜

· 발리 구획도 ·

F02
눅
Nook

F21
리빙스톤
Livingstone

F08
링 링스 발리
Ling-Ling's Bali

F11
카인드 커뮤니티
Kynd Community

F23
커피 카르텔
Coffee Cartel

F29
포테이토 헤드 비치 클럽
Potato Head Beach Club

F04
더 팻 터틀
The Fat Turtle

F30
미세스 시피 발리
Mrs Sippy Bali

F03
시스터필즈
Sisterfields

F19
보이앤카우
Boy'N'Cow

F18
마마산 발리
Mamasan Bali

S09
소일 푸드 템플
Soil Food Temple

F06
파라디시 발리
Paradish Bali

S08
발리 보트 셰드
Bali Boat Shed

F10
모텔 멕시콜라
Motel Mexicola

F19
보스맨
Bossman

F05
코너 하우스
Corner House

F26
젤라토 팩토리
Gelato Factory

S07
마하나
Mahana

F22
카페 킴 수
Cafe Kim Soo

S11
스미냑 빌리지
Seminyak Village

F20
리볼버
Revolver

F14
차이바
Chai'Ba

S10
위디 숍
Widi Shop

F15
와룽 니아
Warung Nia

F28
쿠 데 타
KU DE TA

F24
하우 아이 맷 커피
How I Met Coffee

F01
킬로 키친 발리
Kilo Kitchen Bali

F07
보 앤 번
Bo & Bun

F09
테이스티 비건
Tasty Vegan

F25

E01
요가 108
Yoga 108

F12
파머스 브루스 커피
Farmer Brews Coffee

타나메라 커피 앤 로스터리 선셋 로드
Tanamera Coffee & Roastery Sunset Road

F13
크레이브드
Craved

SS01
스미냑 비치
Seminyak Beach

S12
빈탕 슈퍼마켓
Bintang Supermarket

F21
라 플란차 발리
La Plancha Bali

꾸따

F16
와룽 무라
Warung Murah

응우라라이 국제공항

SS02
더블 식스 비치
Double Six Beach

잘란 카유 아야 » p.171

All Day Brunch

올데이 브런치를 아시나요
여유롭게 즐기는 삼시 세끼

브런치(Brunch)는 아침(Breakfast) 겸 점심(Lunch)으로 먹는 식사를
의미하지만, 우리나라에서는 '가볍게, 세련되게 즐기는 서양 음식'으로
통용되기도 한다. 그래서인지 하루 종일 브런치 메뉴를 판매하는 곳도
어렵지 않게 만날 수 있다. 발리도 우리나라와 크게 다르지 않다. 특히
스미냑의 레스토랑이 그러하다. 스미냑은 발리에 거주하는 외국인들이
모여들면서 다양한 입맛을 만족시키는 미식의 중심지로 자리 잡았다.
특히 태국, 베트남 등 아시아 음식을 현대적으로 재해석한 퓨전
요릿집부터 버거, 피자 같은 서양 음식을 만끽할 수 있는 장소가 많다.
그중 '먹는 여유'를 선물해준 스미냑의 특별한 공간을 소개한다.

Pick 스미냑의 브런치 레스토랑
· 킬로 키친 발리
· 눅
· 시스터필즈
· 더 팻 터틀
· 코너 하우스

킬로 키친 발리 Kilo Kitchen Bali

맛과 분위기를 모두 잡다

싱가포르에서 시작해 현재는 발리, 자카르타 등으로 지점을 넓히고 있는 '킬로 콜렉티브 그룹'에서 운영하는 레스토랑이다. 퓨전 요릿집으로 유명하지만 브런치 레스토랑 특유의 여유로운 분위기를 즐길 수 있어 스미냑에서 가장 추천한다. 노출 콘크리트 기법으로 꾸민 실내에 시원하게 트인 통창이 있어 테라스 풍경을 구경하는 재미가 있다. 인기 메뉴는 오징어먹물밥에 아기오징어튀김, 연어알, 갈릭아이올리 소스를 얹은 '스퀴드 잉크 라이스'. 오징어먹물밥은 간이 적당히 배어 있으면서 살짝 매콤하고, 아기오징어튀김은 크리스피하면서도 느끼지 않아 자꾸 손이 간다. 톡톡 터지는 연어알은 식감에 재미를 더하고 달콤한 갈릭아이올리는 '단짠'의 묘미를 살린다.

📍 Jl. Drupadi No.22, Seminyak, Kec. Kuta, Kabupaten Badung, Bali 80361 🚶 잘란 카유 아야에서 도보 약 12분 🕐 07:00~23:00 ❌ 연중무휴 🍴 스퀴드 잉크 라이스(Squid Ink Rice) 215,000Rp/ 택스 & 서비스 차지 16% 별도 ✈ www.kiloseminyak.com 📷 kilobali

눅 Nook
스미냑에서 논밭 뷰를 즐기다

'스미냑에 이런 곳이?'라는 생각이 들 정도로 반전 매력을 뽐내는 레스토랑. 이곳에 들어서면 360도로 논밭 뷰가 눈앞에 펼쳐진다. 공간은 야외 좌석과 실내 자리로 나뉘어 있는데, 날이 좋다면 야외 좌석을 선택하자. 오전 8시부터 오후 2시까지만 제공하는 아침 메뉴를 비롯해 비건을 위한 식사, 다양한 인도네시아 요리 및 서양 음식을 판매한다. 특히 신선한 과일 토핑을 잔뜩 올린 스무디 볼이 인기가 많다.

📍 Jl. Umalas 1 No.3, Kerobokan Kelod, Kec. Kuta Utara, Kabupaten Badung, Bali 80361 🚶 잘란 카유 아야에서 차로 약 15분 🕐 08:00~23:00 ❌ 연중무휴
🍴 아침 메뉴(Breakfast) 45,000~95,000Rp, 스무디 볼(Smoothie Bowl) 85,000~95,000Rp, 나시참푸르(Nasi Campur) 65,000~75,000Rp/ 택스 & 서비스 차지 16% 별도 ✈ www. nookrestaurantbali.com
📷 nook_bali

시스터필즈 Sisterfields
건강하고 담백한 호주식 브런치

스미냑의 인기 레스토랑으로, 호주식 브런치를 표방하지만 로컬 재료를 이용하기 때문에 이곳의 요리는 더 특별하다. 다양한 브런치 메뉴가 준비돼 있는데, 그중에서도 팬케이크 위에 설탕에 절인 딸기와 루바브, 캐슈넛과 아몬드 그래놀라, 바닐라 젤라토, 메이플 시럽을 얹은 '루바브 앤 스트로베리 팬케이크'가 인기 메뉴. 칵테일, 스무디 등 음료 메뉴도 다채롭다.

📍 Jl. Kayu Cendana No.7, Seminyak, Kec. Kuta Utara, Kabupaten Badung, Bali 80361 🚶 잘란 카유 아야에서 도보 약 3분
🕐 07:00~21:00 ❌ 연중무휴 🍴 루바브 앤 스트로베리 팬케이크(Rhubarb & Strawberry Pancake) 100,000Rp/ 택스 & 서비스 차지 17% 별도 ✈ www.projectblack. co/sisterfields
📷 sisterfields

더 팻 터틀 The Fat Turtle

오로지 맛으로 승부하는 곳

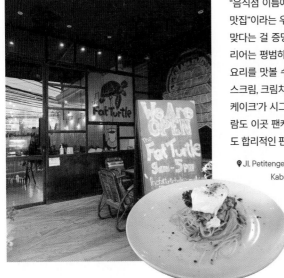

"음식점 이름에 '팻(Fat)'이 들어가 있다면 그곳은 발리 맛집"이라는 우스갯소리가 있다. 더 팻 터틀은 이 말이 맞다는 걸 증명해주는 곳이다. 실내는 아담하고 인테리어는 평범하지만, 다른 곳에서 보기 힘든 창의적인 요리를 맛볼 수 있다. 붉은색 팬케이크에 바닐라아이스크림, 크림치즈 무스, 초콜릿을 토핑한 '레드 벨벳 팬케이크'가 시그니처 메뉴. 단 음식을 좋아하지 않는 사람도 이곳 팬케이크 맛엔 고개를 끄덕이곤 한다. 가격도 합리적인 편.

📍 Jl. Petitenget No.886A, Kerobokan Kelod, Kec. Kuta Utara, Kabupaten Badung, Bali 80361 🚶 잘란 카유 아야에서 도보 약 15분 🕐 09:00~17:00 ❌ 연중무휴 🍴 레드 벨벳 팬케이크(Red Velvet Pancake) 77,000Rp/ 택스 & 서비스 차지 15% 별도 📷 thefatturtlebali

코너 하우스 Corner House

완벽한 하루의 시작

스미냑의 수많은 브런치 가게 중 호불호 없이 대중적인 메뉴로 사랑받는 곳이다. 게다가 번화가인 잘란 카유 아야 초입에 있어 위치까지 좋다. 아침과 낮에는 여유롭게 식사를 즐기고, 저녁엔 라이브 음악을 들으며 술 한잔 곁들이는 사람들로 늘 활기찬 분위기를 띤다. 가벼운 아침 식사부터 피자, 올데이 메뉴까지, 어떤 것을 선택하든 평균 이상이니 취향에 맞게 골라보자.

📍 Jl. Kayu Aya No.10, Seminyak, Kec. Kuta Utara, Kabupaten Badung, Bali 80361 🚶 잘란 카유 아야에 위치 🕐 07:00~24:00 ❌ 연중무휴 🍴 아침 메뉴(Breakfast) 99,000Rp~/ 택스 & 서비스 차지 16% 별도 ✈ www.cornerhousebali.com 📷 cornerhousebali

Local Shopping

잘란 카유 아야에서 즐기는
로컬 브랜드 쇼핑

약 2km에 이르는 잘란 카유 아야(Jl. Kayu Aya)에는 "먹는 거리(Eat Street)"라는 별칭이 붙었을 정도로 레스토랑과 카페가 많다. 하지만 이것이 전부는 아니다. 잘란 라야 스미냑(Jl. Raya Seminyak)과 함께 명실상부한 스미냑 최대 쇼핑 거리로, 발리의 로컬 패션 브랜드 숍을 찾는 재미 역시 쏠쏠하다.

잘란 카유 아야
로컬 쇼핑 지도

우마 앤 레오폴드 Uma and Leopold
원피스 쇼핑 No.1

모든 제품을 현지 장인의 손으로 만들며, 대부분이 개성 있고 오랫동안 입을 수 있는 클래식한 의류다. 20만~40만 원대.

📍 Jl. Kayu Aya No.77X 🕐 09:30~21:00 ❌ 연중무휴
🛍 원피스 1,150,000Rp~

Jalan Kayu Aya

🛍 S06

시 집시 주얼리 Sea Gypsy Jewelry
발리 지도 모양 목걸이 추천

발리의 전통 패턴이나 오브제를 활용한 질 좋고 독특한 디자인의 액세서리를 판매한다. 울루와뚜에도 매장이 있다. 가격대는 높은 편.

📍 Jl. Kayu Aya No.48 🕐 08:00~22:00 ❌ 연중무휴
🛍 목걸이 450,000Rp~

나타오카 Nataoka
심플함이 멋스러운 리넨 의류
발리 출신 디자이너가 운영하는 진짜 로컬
브랜드. 모든 옷을 통기성이 좋은 리넨 100%
소재로 만들며, 미니멀한 디자인이 강점이다.

📍 Jl. Kayu Aya No.78　🕐 09:00~21:00　❌ 연중무휴
🏷 390,000Rp~

바이 더 시 By The Sea
남녀노소 쇼핑하기 좋은 캐주얼 브랜드
가격대는 높지만 통풍이 잘되는 천연
소재와 심플한 디자인이 매력. 발리 전역과
자카르타에도 10개가 넘는 매장이 있다.

📍 Jl. Kayu Aya No.20C　🕐 10:00~22:00　❌ 연중무휴
🏷 490,000Rp~

S05

S04

S01

S03

S02

루루 야스민 Lulu Yasmine
발리 여성들이 만드는 화려한 드레스
레오퍼드 패턴부터 과감한 디자인까지
이곳의 옷은 화려하다. 현지 여성을 고용하고
발리 수공예 기술로 옷을 만드는 것이 특징.

📍 Jl. Laksamana Basangkasa No.100X
🕐 10:00~21:00　❌ 연중무휴　🏷 원피스 1,800,000Rp~

마갈리 파스칼 Magali Pascal
발리 스타일 프렌치 룩
모던함을 강조한 파리지엔 스타일로 젊은
세대를 겨냥한다. 청바지부터 리조트 파티에
어울리는 원피스까지 선택의 폭도 넓다.

📍 Jl. Kayu Aya No.177X　🕐 09:00~21:00　❌ 연중무휴
🏷 2,295,000Rp~

고급 호텔과 리조트, 파인 레스토랑과 카페, 디자인 숍이 모여 있는
'발리의 청담동' 스미냑. 스미냑을 대표하는 해변들은 아름다운
석양을 즐기기에 좋고, 다채로운 맛집과 쇼핑 스폿에선 입과 눈이 즐겁다.

Best Spots
in Seminyak

스미냑 추천 스폿

 Sightseeing

Food & drink

 Shopping

스미냑 비치 Seminyak Beach
매일 다른 빛으로 물드는 석양

스미냑을 대표하는 해변. 이곳 역시 서핑 스폿이지만 우리나라 여행자들은 꾸따 비치를 더 선호한다. 대신 스미냑 비치는 노을을 즐기기에 좋다. 계절에 따라 해가 저무는 시간은 약간 씩 다르지만, 대략 오후 5시에서 6시 사이면 하늘과 바다의 경계가 사라지며 형용할 수 없는 신비로운 풍경을 만든다. 그것을 잊지 못해서일까. 다음 날 다시 찾은 이곳의 석양은 또 다른 색으로 짙게 물들어간다. 자연이 주는 행복을 고스란히 느낄 수 있는 곳이다.

📍 Seminyak Beach, Seminyak, Kec. Kuta, Kabupaten Badung, Bali 80361 🚶 잘란 카유 아야에서 도보 약 10분 🕐 24시간 ✖ 연중무휴

더블 식스 비치 Double Six Beach

다양한 공간에서 즐기는 석양

스미냑의 양대 해변. 서핑을 즐기
는 사람들로 늘 밝고 활기찬 분위
기다. 잘란 더블 식스의 끝자락에
위치하며, 백사장을 따라 형형색색
의 파라솔이 펼쳐져 있다. 해변 주
변으로 비치 카페, 레스토랑과 바
가 자리해 식사를 하거나 음료를
마시며 편안하게 노을을 즐기기에
좋다. 노을만 보고 가기 아쉽다면
비치 클럽의 빈백에 누워 라이브
공연을 감상하거나 가볍게 칵테일
한잔 즐기는 것을 권한다.

📍 Jl. Double Six, Seminyak, Kec. Kuta,
Kabupaten Badung, Bali 80361
🚶 잘란 카유 아야에서 차로 약 25분
🕐 24시간 ❌ 연중무휴

요가 108 Yoga 108

나선형 계단 위의 아담한 요가원

스미냑에 요가를 할 만한 곳이 없다고 생각한다면 오
산이다. 시설이 화려하다거나 인테리어가 멋들어진 것
은 아니지만 요가에 집중하고 싶은 이들에게 이곳은
부족함이 없다. 기본에 충실하면서도 난이도를 고려한
수업과 저렴한 수강료도 인기에 한몫한다. 요가 초보자
는 인요가 혹은 하타 플로우를, 난이도가 있는 수련을
원한다면 빈야사 레벨 2를 추천한다. 공용 매트가 마련
되어 있지만 냄새에 민감한 사람은 개인 매트를 챙기
는 것이 좋다.

📍 Jl. Drupadi No.108, Seminyak, Kec. Kuta, Kabupaten
Badung, Bali 80361 🚶 잘란 카유 아야에서 차로 약 10분
🕐 월~금요일 07:00~11:00, 토요일 08:30~10:30 ❌ 일요일
🏷 1회 120,000Rp, 10회 1,000,000Rp/ 현금 결제만 가능
🧭 www.yoga108bali.com ⓞ yoga108bali

파라디시 발리 Paradish Bali

맛, 분위기, 서비스 모두 완벽

매번 비슷비슷한 브런치 메뉴에 싫증이 났다면 파라디시 발리로 향하면 된다. 정통 인도네시안 요리를 비롯해 각양각색의 아시아 퓨전 요리까지 갖추고 있다. 따뜻한 국물이 생각난다면 인도네시아 꼬리곰탕인 숩 분뜻을, 매운 음식이 먹고 싶다면 한국식 김치볶음밥과 양념 치킨이 함께 나오는 김치 프라이드 라이스 위드 고추장 치킨을 주문해보자. 가격은 다소 비싼 편이지만 만족도는 높은 편이다.

📍Jl. Kayu Jati No.1, Kerobokan Kelod, Kec. Kuta Utara, Kabupaten Badung, Bali 80361 🚶잘란 카유 아야에서 도보 약 10분 🕐12:00~24:00(마지막 주문 23:40) ❌연중무휴 🍴숩 분뜻(Soup Buntut) 120,000Rp, 김치 프라이드 라이스 위드 고추장 치킨(Kimchi Fried Rice With Gochujang Chicken) 85,000Rp/ 택스 & 서비스 차지 17% 별도 ✈ www.paradishbali.com(예약 가능) 📷 paradish.bali

보 앤 번 Bo & Bun

모던한 분위기에서 아시안 요리를!

베트남 음식을 기반으로 한 아시안 요리를 맛볼 수 있는 곳. 프렌치 스타일의 세련된 인테리어가 인상적인 이곳은 언제나 손님들로 북적인다. 반미 샌드위치, 타이 그린 커리 등 다양한 메뉴가 있지만, 가장 추천하는 요리는 '더 12 아워 포'. 12시간 동안 끓여 맛이 깊고 진한 육수와 탱글탱글한 면발이 잘 어우러지는 베트남 쌀국수다. 매일 한정된 수량만 팔기 때문에 이른 시간에 방문하지 않으면 허탕 치기 일쑤.

📍Jl. Raya Basangkasa No.26, Seminyak, Kec. Kuta, Kabupaten Badung, Bali 80361 🚶잘란 카유 아야에서 도보 약 15분 🕐10:00~23:00 ❌연중무휴 🍴더 12 아워 포(The 12 hour Pho) 135,000Rp/ 택스 & 서비스 차지 15.5% 별도 ✈ www.eatcompany.co/boandbun 📷 boandbun

링링스 발리 Ling-Ling's Bali

한국인 입맛에 딱 맞는 퓨전 요리

밝고 경쾌한 분위기의 아시안 레스토랑. 일식과 한식을 기본으로 한 퓨전 음식을 선보이며, 실내가 꽤 넓은 편이지만 식사 시간에는 금세 만석이 된다. 다양한 종류의 스시 롤을 비롯한 식사 메뉴와 칵테일 등의 음료 메뉴가 잘 갖추어져 있다. 데리야키 치킨과 아보카도, 오이로 맛을 낸 '치킨 데리야키 롤'과 신선한 연어, 아보카도에 필라델피아 크림치즈를 토핑한 '애틀랜틱 롤'이 특히 맛있다. 비건을 위한 메뉴도 있다.

📍Jl. Petitenget No.43B, Kerobokan Kelod, Kec. Kuta Utara, Kabupaten Badung, Bali 80316 🚶잘란 카유 아야에서 도보 약 22분 🕐11:00~24:00 ❌연중무휴 🍴치킨 데리야키 롤(Chicken Teriyaki Roll) 85,000Rp, 애틀랜틱 롤(Atlantic Roll) 115,000Rp/ 택스 & 서비스 차지 16% 별도 ✈ www.linglingsbali.com
📷 linglingsbali

테이스티 비건 Tasty Vegan

고요히 즐기는 가정식 비건 요리

조용한 골목에 위치해 스미냑의 번잡함을 잊을 수 있는 곳. 나무로 둘러싸인 작은 정원 곳곳에 테이블이 놓여 있다. 모든 메뉴는 비건 요리로, 인도네시안 요리와 서양 요리가 주를 이룬다. 담백한 건강식이 먹고 싶다면 '가도 가도'를 선택해보자. 익힌 양배추, 줄기콩 등에 땅콩 소스를 뿌려 먹는 인도네시아식 샐러드인데, 이곳에선 롤 형태로 나와 먹기 편하다. 식사 메뉴를 주문하면 수프를 무료로 제공한다.

📍Jl. Raya Basangkasa, Gg. dewata No.15B, Seminyak, Kec. Kuta, Kabupaten Badung, Bali 80361 🚶잘란 카유 아야에서 도보 약 13분 🕐09:00~21:00 ❌연중무휴
🍴가도 가도(Gado Gado) 59,000Rp/ 택스 10% 별도 📷 tastyveganbali

모텔 멕시콜라 Motel Mexicola 스미냑점 Seminyak

유쾌한 멕시칸 레스토랑 & 바

멕시콜라는 데킬라에 콜라와 라임 주스를 섞어 만드는 칵테일로, 이곳에선 칵테일 외에 데킬라, 보드카도 즐길 수 있다. 이른 점심부터 여는 만큼 타코, 케사디야 등의 식사 메뉴도 있다. 픽사의 애니메이션 <코코>의 주제가가 흘러나올 것만 같은 이 멕시칸 레스토랑은 화려한 인테리어를 보는 재미가 가득하다. 클럽 디제잉이 한참인 밤 10시 즈음이면 모두가 하나 되어 어깨춤을 추게 될지도 모를 일. 짱구에도 지점이 있다.

📍 Jl. Kayu Jati No.9X, Kerobokan Kelod, Kec. Kuta Utara, Kabupaten Badung, Bali 80361 🚶 잘란 카유 아야에서 도보 약 8분 🕐 월~목요일 11:00~01:00, 금~토요일 11:00~01:30, 일요일 18:00~01:00 ❌ 연중무휴 🍴 타코(Taco) 45,000~60,000Rp, 칵테일 140,000Rp~ / 택스 & 서비스 차지 17% 별도 ✈ motelmexicola.info/seminyak/ 📷 motelmexicola

---

카인드 커뮤니티 Kynd Community

예쁘게 먹는 비건 음식

스미냑에서 아주 '핫한' 카페 중 하나로, SNS의 인증 사진들로 더 유명세를 타고 있다. 예쁘지만 이곳의 진정한 매력은 다양한 비건 메뉴다. 아침 메뉴로 인기 많은 '파라다이스 팬케이크'와 언제 먹어도 좋은 '아사이 볼', 부드러운 맛이 일품인 '크리미 탄탄 라멘'은 눈과 입을 행복하게 만든다. 요리책을 출판하는 등 100% 식물성 기반 요리를 알리는 데 힘쓰고 있다. 짱구에 비영리 공간인 '기브 카페'도 운영한다.

📍 Jl. Petitenget No.12X, Kerobokan Kelod, Kec. Kuta Utara, Kabupaten Badung, Bali 80316 🚶 잘란 카유 아야에서 도보 약 20분 🕐 07:30~21:30 ❌ 연중무휴 🍴 파라다이스 팬케이크 (Paradise Pancakes) 95,000Rp, 아사이 볼(Acai Bowl) 95,000Rp, 크리미 탄탄 라멘(Creamy Tan Tan Ramen) 95,000Rp/ 택스 & 서비스 차지 16% 별도 ✈ www. kyndcommunity.com 📷 kyndcommunity

파머스 브루스 커피 Farmer Brews Coffee
사랑스러운 카페 & 브런치 맛집

스미냑에서 쉽게 볼 법한 브런치 카페지만 가격 대비 커피와 음식 맛은 기대 이상이다. 4대째 이어온 커피 농장의 원두로 만든 스페셜티 커피와 보기도 좋고 맛도 좋은 브런치 메뉴를 선보이고 있다. 가장 인기 있는 메뉴는 스리라차 치킨 와플로 신선한 채소와 담백한 치킨, 바삭한 와플이 서로 어우러져 조화로운 맛을 보여준다. 요가 108»p.176 근처에 있어 요가 수련 전후에 가볍게 들르기 좋다.

📍 Jl. Drupadi No.21, Seminyak, Kec. Kuta, Kabupaten Badung, Bali 80361 🏃 잘란 카유 아야에서 차로 약 5분 🕐 07:00~18:00 (마지막 주문 17:00) ❌ 연중무휴 🍴 스리라차 치킨 와플 (Sriracha Chicken Waffle) 75,000Rp, 크루아상 브런치 세트 (Croissant Brunch Set) 80,000Rp, 아메리카노(Americano) 35,000~40,000Rp ✈ www.farmerbrewsroastery.com
📷 thefarmerbrews

크레이브드 Craved
힙함에 편안함까지 더하다

아침 식사나 브런치로 즐길 수 있는 메뉴를 비롯해 든든한 한 끼가 되는 폭립, 스테이크도 있어 저녁 식사를 하기에도 좋은 곳이다. 무엇보다 직원들의 친절하고 세심한 서비스 덕분에 거듭 찾게 된다는 리뷰가 많은데, 실제로 자리에 앉자마자 내어주는 얼음물에 음식을 먹기도 전에 기분이 좋아진다. 아침 메뉴 중 베스트셀러인 스무디 볼은 입에 넣는 순간 입안 가득 상큼함이 퍼지며 또 한 번 미소 짓게 만든다.

📍 Jl. Camplung Tanduk No.9A, Seminyak, Kec. Kuta, Kabupaten Badung, Bali 80361 🏃 잘란 카유 아야에서 차로 약 10분
🕐 08:00~22:00 ❌ 연중무휴 🍴 아침 식사 75,000~100,000Rp, 스무디 볼 70,000~75,000Rp, 런치 75,000~110,000Rp/ 택스 & 서비스 차지 15% 별도 📷 cravedbali Ⓖ Craved bali

Food & Drink 14

차이바 Chai'Ba

고급스러운 인도 음식점

발리에 거주하는 외국인들이 즐겨 찾는 인도 정통 요리 레스토랑. 커리의 종류만도 30여 가지가 넘는데, 인기 메뉴인 버터 치킨 커리는 다소 간이 세서 담백한 플레인 난을 곁들이는 것이 좋다. 가격대가 있는 편이라 여럿이 가는 것을 추천.

📍 Jl. Raya Basangkasa No.47, Seminyak, Kec. Kuta, Kabupaten Badung, Bali 80361 🚶 잘란 카유 아야에서 도보 약 8분 🕐 12:00~22:30 ⊗ 연중무휴 🍴 버터 치킨 커리(Butter Chicken) 149,000Rp/ 난(Naan) 30,000~45,000Rp/ 택스 & 서비스 차지 19% 별도 ✈ www.chaibaseminyak.com 📷 chaibabali

Food & Drink 15

와룽 니아 Warung Nia

가성비 좋은 요리와 친절한 서비스

캐주얼한 분위기의 인도네시아 레스토랑. 규모가 꽤 큰 편이며, 쿠킹 클래스가 열리기도 한다. 인기 메뉴 폭립 또는 치킨 사테 세트에 빈땅 맥주까지 곁들인다면 행복한 한 끼 완성.

📍 Kayu Aya Square, Jl. Kayu Aya No.19-21, Seminyak, Kec. Kuta Utara, Bali, 80361 🚶 잘란 카유 아야에서 도보 약 5분 🕐 10:00~22:00 ⊗ 연중무휴 🍴 그릴드 폭립(Grilled Pork Ribs, 400gr) 150,000~215,000Rp, 치킨 사테 세트 100,000Rp/ 택스 & 서비스 차지 16.6% 별도 ✈ www.warungnia.com 📷 warungnia

Food & Drink 16

와룽 무라 Warung Murah 더블식스점 Double Six

향신료 걱정 없이 즐기는 로컬 음식

나시참푸르 맛집으로, 갖가지 요리가 놓인 1층의 진열대로 가서 직원에게 원하는 반찬들을 말하면 된다. 원하는 요리를 푸짐하게 담아도 1만 원이 넘지 않으니 한 접시 가득 사치를 누려보자. 비프 렌당, 치킨 스테이크 같은 단품 메뉴도 인기.

📍 Jl. Arjuna No.99, Seminyak, Kec. Kuta, Kabupaten Badung, Bali 80361 🚶 잘란 카유 아야에서 차로 약 15분 🕐 09:00~21:30 ⊗ 연중무휴 🍴 나시참푸르(Nasi Campur) 25,000Rp~ G Warung Murah Double Six

Food & Drink 17

마마산 발리 Mamasan Bali

모던한 퓨전 아시안 요리

고급스러운 동남아시아 퓨전 요리 레스토랑. 가벼운 식
사로 좋은 덤플링부터 볶음면 등 단품 요리, 여러 사람
이 함께 즐기기에 제격인 인도네시아 고기 요리 비프
렌당까지 메뉴 선택의 폭이 넓다.

📍 Jl. Raya Kerobokan No.135, Kerobokan Kelod, Kec. Kuta
Utara, Kabupaten Badung, Bali 80361 🚶 잘란 카유 아야에서
도보 약 10분 🕐 12:00~14:30, 17:30~22:30 ❌ 연중무휴
🍴 크리스피 치킨 덤플링(Crispy Chicken Dumpling) 98,000Rp,
슬로 쿡 비프 렌당(Slow-Cooked Beef Rendang) 335,000Rp/
택스 & 서비스 차지 17.5% 별도 ✈ www.mamasanbali.com
📷 mamasanbali

Food & Drink 18

보이앤카우 Boy'N'Cow

맛있고 친절한 스테이크 하우스

세련된 분위기에서 질 좋은 다양한 부위의 스테이크를
맛볼 수 있는 레스토랑. 홈페이지를 통해 예약하면 합
리적인 가격에 스테이크를 즐길 수 있다.

📍 Jl. Raya Kerobokan No.138, Seminyak, Kec. Kuta Utara,
Kabupaten Badung, Bali, 80361 🚶 잘란 카유 아야에서
도보 약 10분 🕐 12:00~23:00 ❌ 연중무휴 🍴 안심 스테이크
(Tenderloin, 200g) 650,000Rp, 립아이(Ribeye, 280g)
670,000~750,000Rp/ 택스 & 서비스 차지 18% 별도 ✈ www.
boyncow.com 📷 boyncow

Food & Drink 19

보스맨 Bossman

힙한 수제 버거집

새벽까지 스미냑에 활기를 불어넣는 수제 버거 가게로
클래식한 버거 '맥러빙'이 인기다. 부드러운 치킨 텐더
와 트러플 향이 일품인 트러플 프라이 등의 사이드 메
뉴는 덤.

📍 Jl. Kayu Cendana No.8B, Seminyak, Kec. Kuta Utara,
Kabupaten Badung, Bali 80361 🚶 잘란 카유 아야에서 도보
약 3분 🕐 11:00~05:00 ❌ 연중무휴 🍴 맥러빙(MCLOVIN')
90,000Rp/ 택스 & 서비스 차지 17% 별도 ✈ www.
bossmanbali.com 📷 bossmanbali

©Bossman

 Food & Drink 20

리볼버 Revolver ^{스미냑점} Seminyak

유럽의 아지트로 순간 이동!

늘 웨이팅이 있는 편이라 가게 바깥에 있는 직원의 안내에 따라 입장한다. 커피뿐 아니라 식사, 디저트, 주류까지 취급한다. 시그니처 메뉴는 에스프레소에 우유와 아이스크림으로 맛을 낸 '리볼버 커피 셰이크'.

📍 Jl Kayu Aya, No.Gang 51, Seminyak, Kec. Kuta Utara, Kabupaten Badung, Bali 80361 잘란 카유 아야 옆 골목 🕐 07:00~23:00 ❌ 연중무휴 🍴 리볼버 커피 셰이크(Revolver Coffee Shake) 50,000Rp/ 택스 & 서비스 차지 16% 별도 📷 revolver.bali

---

Food & Drink 21

리빙스톤 Livingstone ^{스미냑점} Seminyak

서양식 아침은 이곳에서!

인기 베이커리 카페. '더 베이커스 스크램블드에그 크루아상'과 '클래식 아보카도 플로트'를 추천한다.

📍 Jl. Petitenget No.88X, Kerobokan Kelod, Kec. Kuta Utara, Kabupaten Badung, Bali 80361 잘란 카유 아야에서 차로 약 10분 🕐 07:00~22:00 ❌ 연중무휴 🍴 더 베이커스 스크램블드에그 크루아상(The Bakers Scrambled Eggs Croissant) 110,000Rp, 클래식 아보카도 플로트 (Classic Avocado Float) 55,000Rp/ 택스 & 서비스 차지 16.5% 별도 ✈ www. livingstonebakery.com 📷 livingstonebakery

---

Food & Drink 22

카페 킴 수 Cafe Kim Soo

쇼핑도, 쉬어 가기도 좋은 곳

킴 수 발리는 인테리어 소품, 패브릭, 가구 등을 판매하는 라이프스타일 편집 숍이다. 그 바로 옆에 카페 킴 수가 자리한다. 에그 베네딕트, 프렌치토스트 등의 브런치 메뉴와 직접 만든 홈메이드 케이크, 다양한 음료를 선보인다.

📍 Jl Kayu Aya No.21, Kerobokan Kelod, Kec. Kuta Utara, Kabupaten Badung, Bali 80361 잘란 카유 아야에서 도보 약 10분 🕐 07:30~17:30 ❌ 연중무휴 🍴 홀 코코넛 위드 아이스 앤 라임(whole Coconut with Ice & Lime) 35,000Rp, 홈메이드 케이크 40,000~45,000Rp/ 택스 & 서비스 차지 16% 별도 ✈ www. kimsoo.com/pages/cafe-kim-soo 📷 cafekimsoo

🍴☕ Food & Drink 23

커피 카르텔 Coffee Cartel 스미냑점 Seminyak

실사 라테 아트 어떠세요

실사처럼 정교한 라테 아트 서비스가 인기인 로스터
리 카페. 드링크 리플즈(Drink Ripples)라는 애플리케이
션을 다운받아 원하는 사진을 올린 후 라테 아트를
요청하자.

📍 Jl. Lb. Sari No.8, Kerobokan Kelod, Kec. Kuta Utara,
Kabupaten Badung, Bali 80361 🚶 잘란 카유 아야에서 도보 약
15분 🕐 07:30~18:00 ❌ 연중무휴 🍴 라테(Latte) 38,000Rp/
택스 & 서비스 차지 15% 별도 ✈ www.coffeecartelbali.com
📷 coffeecartelbali

🍴☕ Food & Drink 24

하우 아이 멧 커피 How I Met Coffee

작지만 예쁜 커피집

커피 메뉴와 간단한 식사 메뉴를 선보이는 카페. 약간
의 금액을 추가하면 라테나 카푸치노 등에 들어가는
우유를 코코넛·아몬드·귀리 우유로 바꿀 수도 있다.

📍 Gg. Kahyangan No.5, Seminyak, Kec. Kuta, Kabupaten
Badung, Bali 80361 🚶 잘란 카유 아야에서 도보 약 10분
🕐 07:00~19:00 ❌ 연중무휴 🍴 아메리카노(Americano)
30,000~33,000Rp, 돌체 카페라테(Dolce Cafe Latte)
40,000~44,000Rp 📷 howimetcoffeebali

🍴☕ Food & Drink 25

타나메라 커피 앤 로스터리 선셋 로드
Tanamera Coffee & Roastery Sunset Road

커피 애호가라면 놓쳐선 안 되는 곳

온통 빨간색으로 꾸민 감각적인 카페. 직영 농장에
서 공수한 인도네시아 원두만 사용해 건강한 커피를
제공하는 것이 철칙이다. 인도네시아 전역을 비롯해
싱가포르와 말레이시아에도 지점이 있다.

📍 Jl. Sunset Road No.999, Kuta, Kec. Kuta, Kabupaten
Badung, Bali 80361 🚶 잘란 카유 아야에서 차로 약 5분
🕐 08:00~21:00 ❌ 연중무휴 🍴 아메리카노(Americano)
30,000~33,000Rp/ 택스 & 서비스 차지 16% 별도 ✈ www.
tanameracoffee.com 📷 tanameracoffee

🍴☕ Food & Drink 26

젤라토 팩토리 Gelato Factory 오베로이점 Oberoi

건강하고 맛있는 젤라토

"발리에서 가장 맛있는 젤라토"로 이름난 곳으로, 신
선한 우유와 크림, 제철 과일을 사용한다. '다크 초코
소르베'가 인기인데, 많이 달지 않으면서 진한 맛이
일품이다.

📍 Jl. Kayu Aya No.32, Seminyak, Kec. Kuta, Kabupaten
Badung, Bali 80361 🚶 잘란 카유 아야에 위치 🕐 09:00~23:00
❌ 연중무휴 🍴 젤라토 스몰 35,000Rp, 미디엄 50,000Rp,
라지 70,000Rp ✈ www.gelatofactory-bali.com
📷 gelatofactorybali

❌🍴 Food & Drink 27

라 플란차 발리 La Plancha Bali

혼자서도 부담 없는 비치 클럽

형형색색의 파라솔과 빈백에서 즐기는 해 질 녘 해변 풍경이 분위기 있고 근사하다. 다른 비치 클럽보다 저렴해서 석양이 질 무렵엔 사람들로 북적인다. 오후 5시 이전에 방문해야 원하는 자리에 앉을 수 있다.

📍Jl Mesari Beach, Seminyak, Kec. Kuta Utara, Kabupaten Badung, Bali 80361 🚶 더블 식스 비치와 스미냑 비치 사이
🕐 10:00~23:00 ❌ 연중무휴 🍴 피자 100,000~125,000Rp, 칵테일 110,000~140,000Rp/ 택스 & 서비스 차지 16% 별도
✈ www.laplancha-bali.com 📷 laplanchabali

❌🍴 Food & Drink 28

쿠 데 타 KU DE TA

20년 넘게 사랑받는 비치 클럽

공간은 크지 않지만 명불허전 스미냑에서 가장 인기 있는 비치 클럽 겸 바. 드레스 코드는 낮과 밤이 다른데, 오후 6시 이후엔 단정한 스마트 캐주얼을 권한다. 테이블 자리에서 식사를 원한다면 예약은 필수다.

📍Jl Kayu Aya No.9, Seminyak, Kec. Kuta Utara, Kabupaten Badung, Bali 80361 🚶 스미냑 비치 북쪽에 위치 🕐 일~목요일 08:00~24:00, 금~토요일 08:00~01:00 ❌ 연중무휴 🍴 버거 115,000Rp~, 칵테일 130,000Rp~/ 택스 & 서비스 차지 18% 별도
✈ www.kudeta.com(홈페이지에서 예약 가능) 📷 kudetabali

❌🍴 Food & Drink 29

포테이토 헤드 비치 클럽

Potato Head Beach Club

젊고 세련된 분위기를 원한다면

호텔도 함께 운영하는 인기 비치 클럽. 재활용품으로 만든 조형물이 인상적이다. 입장료는 없지만 선베드, 테이블 등 자리마다 최소 주문 금액이 다르다.

📍Jl Petitenget No.51B, Kerobokan Kelod, Kec. Kuta Utara, Kabupaten Badung, Bali 80361 🚶 스미냑 비치 북쪽에 위치 🕐 일~목요일 09:00~24:00, 금~토요일 09:00~02:00
❌ 연중무휴 🍴 칵테일 145,000Rp/ 택스 & 서비스 차지 20% 별도 ✈ www.seminyak.potatohead.co/feast/beach-club(홈페이지에서 예약 가능) 📷 potatoheadbali

❌🍴 Food & Drink 30

미세스 시피 발리 Mrs Sippy Bali

최근 스미냑에서 가장 핫한 곳

바다 전망은 아니지만 큰 해수 풀장과 다양한 높이의 다이빙대가 차별점이다. 입장료를 내야 하며 싱글 데이베드, 카바나 등 자리에 따라 최소 지불 비용이 있다.

📍Jl. Taman Ganesha, Gang Gagak 8, Kerobokan Kelod, Kec. Kuta Utara, Kabupaten Badung, Bali 80361
🚶 스미냑 비치 북쪽에 위치 🕐 10:00~21:00 ❌ 연중무휴
🍴 입장료 100,000Rp(타월 대여 시 50,000Rp 추가), 칵테일 140,000Rp~/ 택스 & 서비스 차지 17% 별도
✈ www.mrssippybali.com 📷 mrssippybali

🛍 Shopping 07

마하나 Mahana

탐나는 원목 아이템이 가득

앤티크한 원목 테이블, 의자는 물론 베딩 제품, 홈웨어가 가득한 이곳에선 인테리어 소품에 주목해보자. 나무 접시와 포크, 대나무 빨대 등 원목 잡화는 선물로도 제격. 작은 것 하나도 정성스레 포장해주는 직원의 친절은 덤.

📍 Jl. Raya Basangkasa No.45, Seminyak, Kec. Kuta, Kabupaten Badung, Bali 80361 🚶 잘란 카유 아야에서 도보 약 13분
🕐 10:00~19:30 🏷 나무 빨대 세트 108,000Rp ❌ 연중무휴
📷 mahana_koncept

🛍 Shopping 08

발리 보트 셰드 Bali Boat Shed

발리 인기 브랜드 구경은 여기서!

3개의 자체 브랜드와 50개가 넘는 독립 디자이너 브랜드를 취급하는 편집 숍. 젊은 감각의 여성복과 남성복, 수영복, 모자, 가방, 액세서리 등 다양한 품목을 취급한다. 카페와 레스토랑도 함께 운영한다.

📍 Jl. Petitenget No.20, Seminyak, Kec. Kuta Utara, Kabupaten Badung, Bali 80361 🚶 잘란 카유 아야에서 도보 약 10분
🕐 08:00~22:00 ❌ 연중무휴 🏷 원피스 500,000Rp~, 에코백 350,000Rp~ 📷 baliboatshed

🛍 Shopping 09

소일 푸드 템플 Soil Food Temple

현지 외국인에게 인기 있는 식료품 가게

좋은 품질의 유기농, 홈메이드 식료품을 판매하는 곳. 아담한 공간의 중앙과 벽면에 곡물, 그래놀라, 쿠키 등이 담긴 유리 용기가 진열되어 있는데, 필요한 만큼 담아 무게를 재서 계산하는 방식으로 운영한다.

📍 Jl. Mertanadi, No 22B, Kerobokan Kelod, Kec. Kuta Utara, Kabupaten Badung, Bali 80361 🚶 잘란 카유 아야에서 도보 약 15분 🕐 08:00~22:00 🏷 아몬드 피넛 버터(Almond Peanut Butter, 400g) 63,000Rp ❌ 연중무휴 📷 soilfoodtemple

🛍 Shopping 10

위디 숍 Widi Shop
흔하지 않은 디자인의 라탄 제품

시장보다 퀄리티와 짜임새가 좋은 라탄 수공예품을 찾고 있다면 위디 숍으로 가자. 핸드백부터 백팩까지 유니크한 디자인의 라탄 가방뿐 아니라 나무로 만든 그릇과 접시도 눈여겨볼 만하다.

📍 Jl. Raya Basangkasa No.40, Seminyak, Kec. Kuta, Kabupaten Badung, Bali 80361 🚶 잘란 카유 아야에서 도보 약 14분
🕐 10:00~18:00 ❌ 연중무휴 🛍 라탄 가방 250,000~500,000Rp

🛍 Shopping 11

스미냑 빌리지 Seminyak Village
과거 스미냑의 랜드마크 쇼핑몰

쇼핑보다는 더위를 피해 잠시 쉬어 가는 휴식 공간으로 이용되는 곳. 규모가 크지는 않지만 H&M, 버킨스탁, 센사티아 보태니컬즈 등의 브랜드 숍과 수공예품 팝업 매장, 카페, 레스토랑 등이 자리한다.

📍 Jl Kayu Jati No.8, Seminyak, Kec. Kuta Utara, Kabupaten Badung, Bali 80361 🚶 잘란 카유 아야에서 도보 약 3분
🕐 10:00~22:00 ❌ 연중무휴 ✈ www.seminyakvillage.com
📷 seminyakvillage

🛍 Shopping 12

빈탕 슈퍼마켓 Bintang Supermarket 스미냑점 Seminyak
스미냑 최대 슈퍼마켓

발리에서 가장 큰 규모를 자랑하는 체인 마트 중 하나다. 2020년에 리모델링해 깔끔한 스미냑점은 과일, 채소, 다양한 식료품과 잡화 등이 정갈하게 진열되어 있어 쇼핑하기에도, 로컬 식재료를 구경하기에도 좋다. 우붓에도 지점이 있다.

📍 Jl. Raya Seminyak No.17, Seminyak, Kec. Kuta Utara, Kabupaten Badung, Bali 80361 🚶 잘란 카유 아야에서 도보 약 26분 🕐 07:30~22:00 ❌ 연중무휴
✈ www.bintangsupermarket.com 📷 bintangsupermarket

Part 05

우리들의
네 번째 여행지,
짱구

Canggu

우리가 짱구에 가야 하는 이유

불과 10여 년 전만 해도 짱구는 딱히 볼 것이 없는 조용한 동네였다.
중급 이상의 서퍼들만 찾는 한적했던 이곳이 점점 활기를 띠게 된
것은 디지털 노마드(Digital Nomad)를 위한 공유 사무 공간,
코워킹 스페이스(Coworking Space)가 생겨나기 시작하면서부터다. 더불어
개성 있는 식당과 카페가 거리를 채우면서 짱구만의 색을 만들어 냈다.
짱구는 '일과 삶의 균형', 즉 워라밸을 실현할 수 있는 최적의 조건을
갖췄다. 자신의 취향에 맞게 선택할 수 있는 코워킹 스페이스가 있을
뿐 아니라 해변도 가까이에 자리해 일과 휴식의 균형을 맞추기에
더할 나위 없는 곳이다. 게다가 눈만 돌리면 핫한 레스토랑, 카페,
비치 클럽을 만날 수 있다. 특히 비치 클럽은 짱구의 인기에 한몫하고
있는데, 발리 여행 커뮤니티에 비치 클럽 동행자를 구하는 글이
끊임없이 올라올 정도로 관심도 뜨겁다.
짱구는 '발리의 축소판'이라 할 수 있을 만큼 그 어느 지역보다 발리의
매력을 잘 드러내는 곳이다. 서핑을 비롯해 맛있고 건강한 음식, 논밭
뷰의 전경, 몸과 마음의 균형을 찾는 요가, 낭만적 나이트 라이프, 이
모든 것을 만날 수 있다. 현재 가장 트렌디하고 세련된 발리를 경험하고
싶다면 주저 말고 짱구로 향하자.

짱구 교통

응우라라이 국제공항에서 짱구로

공항 택시
공항 1층 입국장 출구에 있는 택시
스탠드에서 택시를 배정받는다.
· 공항-브라와/**짱구** 약 40분~1시간,
  195,000~250,000Rp
· 유료 도로 이용 시 통행료 지불

차량 공유 플랫폼
고젝과 그랩 애플리케이션으로 차량을
호출한다. 공항세 및 톨비 등을 지불해야
하며, 새벽에 공항에 도착할 경우
할증료가 붙기도 한다.
· 공항-브라와/**짱구** 약 40분~1시간

픽업 서비스 차량
클룩 또는 마이리얼트립 등을 통해
픽업 서비스를 예약할 수 있다. 공항 1층
입국장 출구 미팅 포인트에서 드라이버를
만난 후 차량을 타고 이동하면 된다.
· 공항-브라와/**짱구** 약 40분~1시간,
  274,500Rp~(요금 상시 변동)

숙소 차량
미리 숙소에 픽업 서비스를 신청하면
숙소 차량으로 공항에서 호텔이나
리조트까지 픽업해준다.
· 숙소마다 가격 상이

짱구에서 주변 지역으로

택시
짱구에서 다른 지역으로 이동할 때 가장 많이 이용하는 교통수단은 택시다. 대기 중인 빈 택시를
잡아탈 수도 있지만, 미리 요금과 소요 시간 등을 확인할 수 있는 고젝, 그랩 또는 블루버드
애플리케이션으로 차량을 호출해 이용하는 경우가 많다. 차량 상태나 서비스는 별반 다르지 않지만
가격은 10,000~50,000Rp 정도 차이가 나므로 가격 비교 후 업체를 선택한다.
· **짱구-우붓** 약 1시간~1시간 20분   · **짱구-꾸따** 약 30분~1시간   · **짱구-스미냑** 약 30~50분
· **짱구-울루와뚜** 약 1시간~1시간 50분   · **짱구-사누르** 약 45분~1시간 20분   · **짱구-누사두아** 50분~1시간 20분

바이크
일종의 오토바이 택시인 고젝 바이크와 그랩 바이크는 저렴하고 빠른 이동이 가능하다. 하지만 짐이
있을 경우 이용이 어렵고 장거리는 위험할 수 있다.

짱구 내 이동하기

도보
도보로 10분 내외의 거리는 걸어서 충분히 다닐 수 있다. 하지만 대부분의 도로가 폭이 좁고 노후된
노면이며 인도가 없는 곳도 많아 불편하다. 항상 차와 오토바이를 조심할 것.

바이크/택시
짱구 내에서 여행자가 주로 이용하는 교통수단은 바이크, 즉 오토바이 택시다. 짱구 도로 대부분은
일차선 또는 이차선으로, 교통 체증이 심각하기 때문에 택시보다는 오토바이 택시를 타고 이동하는
것이 가격적으로나 시간적으로나 합리적이다. 하지만 에코 비치와 바투 볼롱 비치 근처는 로컬
기사들의 영업 장소라 고젝이나 그랩 바이크 애플리케이션에서 픽업이 잡혔다 하더라도 바이크
기사가 만날 장소를 따로 정하는 경우도 있다.

Course

짱구 추천 코스

1박 2일 코스

발리 하면 떠오르는 단어는 무엇일까? 서핑부터 요가, 비치 클럽, 계단식 논, 채식, 브런치, 디지털 노마드까지, 짱구는 발리의 모든 것을 느끼고 실현할 수 있는 지역이다. 발리를 닮은 짱구의 스폿과 핫플레이스를 추린 1박 2일 코스를 소개한다.

1일 차

08:00~10:00

바투 볼롱 비치에서 서핑 » p.202

바이크 5분

12:00

센소리움 발리에서 점심 식사 » p.205

바이크 3분

14:00

바이크 7분

테라피 짱구에서 마사지 받기 » p.303

15:30

크레이트 카페에서 시원한 음료 한잔
» p.219

도보 1분

18:00

라 브라사 발리에서 저녁 식사 » p.205

2일 차

08:00~09:15

사마디 발리에서 요가 수련 » p.203

도보 6분

09:30

코펜하겐에서 아침 식사 » p.204

바이크 5분

11:00

데우스 엑스 마키나 » p.222, **러브 앵커 짱구**
» p.225에서 쇼핑

도보 8분

12:00

와룽 시카에서 점심 식사 » p.218

도보 4분

14:00

비지에스에서 즐기는 쇼핑과
커피 한잔 » p.224

차로 30분

16:00

따나롯 사원 산책하며 석양 즐기기
» p.203

차로 30분

19:30

페니 레인에서 저녁 식사 » p.217

Map 01

짱구 여행 지도

수준급 서퍼들과 디지털 노마드가 모여드는 짱구는 발리에서 가장 핫한 지역이다. 짱구의 숙소는 해변 주변과 내륙의 브라와 지역에 몰려 있다.

Area 01. 에코 비치 & 바투 볼롱 비치 주변
에코 비치(Echo Beach)와 바투 볼롱 비치(Batu Bolong Beach) 근처에는 서퍼들을 위한 저가형 숙소부터 커플과 가족 여행자를 위한 고급 리조트까지 다양한 숙소가 자리한다. 숙소 위치와 예산, 취향 등을 고려해서 선택하자.

Pick 추천 숙소
· **코모 우마 짱구** Como Uma Canggu ★★★★★ 40만 원대
· **블로섬 에코 럭스 빌라스** Blossom Eco Luxe Villas ★★★★★ 30만~40만 원대
· **호텔 투구 발리** Hotel Tugu Bali ★★★★★ 30만 원대
· **짱구 비치 아파트먼트** Canggu Beach Apartments ★★★★ 10만 원대 후반
· **이스틴 아쉬타 리조트 짱구** Eastin Ashta Resort Canggu ★★★★ 10만 원대 중후반
· **애스턴 짱구 비치 리조트** Aston Canggu Beach Resort ★★★★ 10만 원대 중후반
· **라 사리 빌리지** La Sari Village ★★★★ 5만~9만 원

Area 02. 브라와 지역
브라와(Berawa) 지역에는 에코 비치와 바투 볼롱 비치 주변에 비해 중저가형 숙소가 많아 장기 체류자가 많이 머문다.

Pick 추천 숙소
· **화이트 구스 부티크 호텔** White Goose Boutique Hotel ★★★★ 10만 원대 후반
· **시타딘 브라와 비치 발리** Citadines Berawa Beach Bali ★★★★ 10만 원대 초중반
· **레공 케라톤 비치 호텔** Legong Keraton Beach Hotel ★★★ 9만~10만 원
· **세다사 롯지 앤 카페** Sedasa Lodge & Cafe ★★ 5만~8만 원
· **코아 디서퍼 호텔** Koa D'Surfer Hotel ★★★ 5만~7만 원
· **위자야 게스트 하우스** Wijaya Guesthouse ★★★ 5만 원

Accommodation

0   170m

코모 우마 짱구

에코 비치
Echo Beach

이스틴 아쉬타 리조트 짱구

짱구 비치 아파트먼트

블로섬 에코 럭스 빌라스

애스턴 짱구 비치 리조트

라 사리 빌리지

호텔 투구 발리

바투 볼롱 비치
Batu Bolong Beach

Area 01.
에코 비치 &
바투 볼롱 비치 주변

위자야 게스트 하우스

시타딘 베라와 비치 발리

세다사 롯지 앤 카페

브라와 비치
Berawa Beach

코아 디서퍼 호텔

Area 02.
브라와 지역

화이트 구스 부티크 호텔

레공 케라톤 비치 호텔

꾸따, 스미냑   응우라라이 국제공항
↓   ↓

Map 02

짱구 스폿 지도

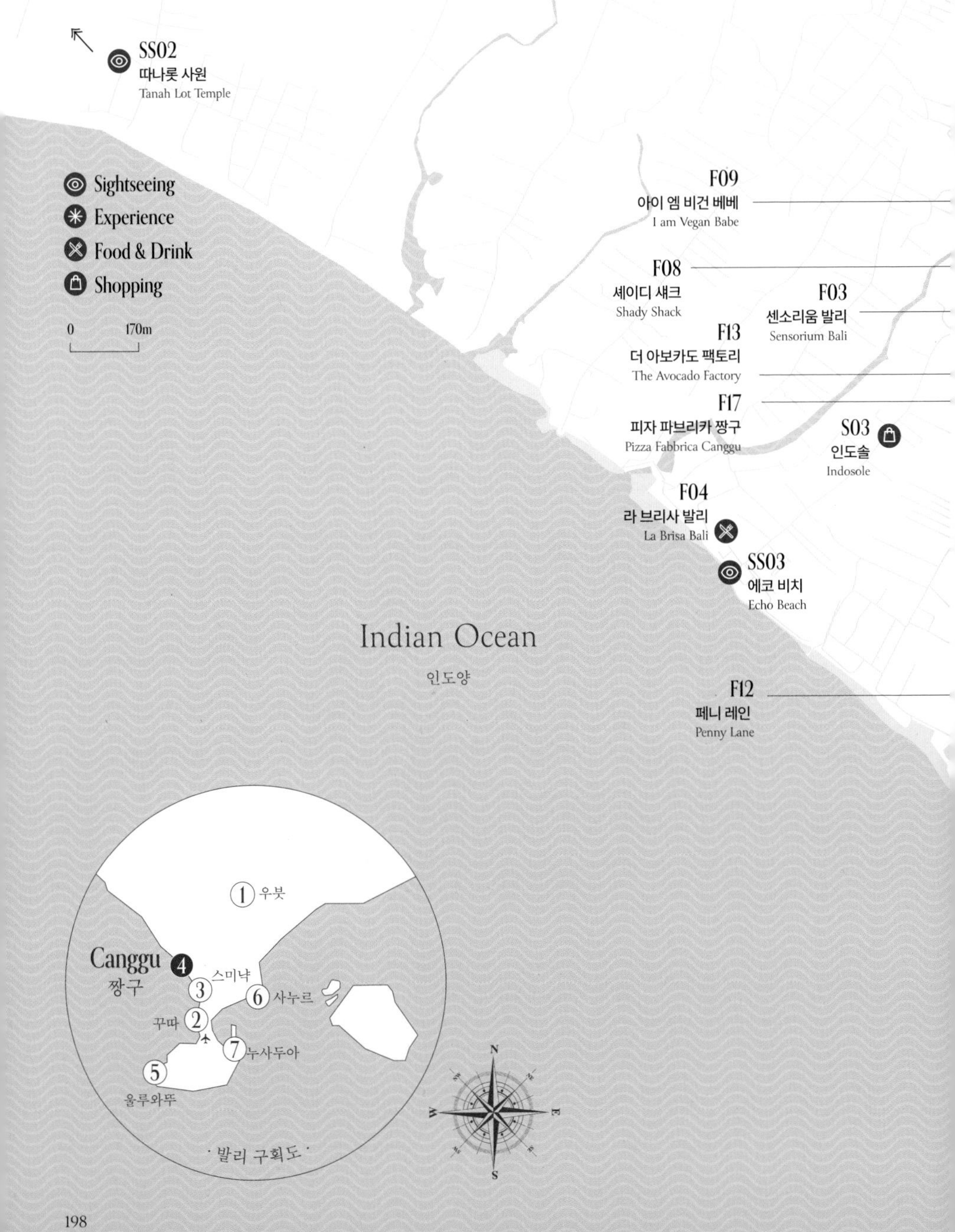

SS02
따나롯 사원
Tanah Lot Temple

◉ Sightseeing
✳ Experience
✖ Food & Drink
🔒 Shopping

0   170m

F09
아이 엠 비건 베베
I am Vegan Babe

F08
셰이디 섀크
Shady Shack

F03
센소리움 발리
Sensorium Bali

F13
더 아보카도 팩토리
The Avocado Factory

F17
피자 파브리카 짱구
Pizza Fabbrica Canggu

S03
인도솔
Indosole

F04
라 브리사 발리
La Brisa Bali

SS03
에코 비치
Echo Beach

Indian Ocean
인도양

F12
페니 레인
Penny Lane

① 우붓

Canggu
짱구 ④
③ 스미냑
⑥ 사누르
꾸따 ②
⑦ 누사두아
⑤
울루와뚜

· 발리 구회도 ·

S10
트로피스 짱구
Tropis Canggu

F06
아몰라스 카페
Amolas Cafe

S12
얼라이브 홀푸드 스토어 짱구
Alive Wholefoods Store Canggu

F07
미엘 커피 짱구
Miel Coffee Canggu

F02
밈피 그로서리
Mimpi Grocery

E02
사마디 발리
Samadi Bali

F22
블랙 샌드 브루어리
Black Sand Brewery

S08
선사인 앤 미
Sunshine & Me

F14
와룽 시카
Warung Sika

F11
라이즈 앤 샤인 카페
Rise and Shine Cafe

S05
이샤 내추럴스
Isha Naturals

F16
와룽 로컬
Warung Local

F01
코펜하겐
Copenhagen

F26
루이지스 핫 피자
Luigi's Hot Pizza

S02
데우스 엑스 마키나
Deus Ex Machina

F25
더 커먼 카페
The Common Cafe

F18
크레이트 카페
Crate Cafe

S04
페이퍼클립 피플
Paperclip People

E06
오엑스오 더 팩토리
OXO The Factory

F10
~어 카페
~lear Cafe

F15
와룽 부미
Warung Bu Mi

F19
무슈 스푼
Monsieur Spoon

E04
트로피컬 노매드 코워킹 스페이스
Tropical Nomad Coworking Space

S11
엘스 스윔
ELCE Swim

E03
비 워크 발리
B Work Bali

S07
디바인 가데스
Divine Goddess

S06
비지에스
BGS

E07
더 프랙티스
The Practice

S09
러브 앵커 짱구
Love Anchor Canggu

E08
프라나바 요가
Pranava Yoga

F20
더 론 짱구
The Lawn Canggu

E09
세레니티 에코 게스트 하우스 앤 요가
Serenity Eco Guesthouse & Yoga

F27
베이크드.
Baked.

S01
방갈로 리빙 발리
Bungalow Living Bali

E01
다이안 서프 스쿨 짱구 발리
Dian Surf School Canggu Bali

F05
진 카페
ZIN Cafe

E05
제네시스 크리에이티브 센터
Genesis Creative Centre

F24
밀크 앤 마두
Milk & Madu

F23
밀루 바이 눅
Milu by Nook

SS01
바투 볼롱 비치
Batu Bolong Beach

SS04
브라와 비치
Berawa Beach

F28
아틀라스 비치 클럽
Atlas Beach Club

F21
핀스 비치 클럽
Finns Beach Club

꾸따, 스미냑

응우라라이 국제공항

All About Canggu

발리의 모든 것을 경험하는 짱구의 스폿들

몇 년 전만 해도 작은 어촌 마을이던 짱구는 그리 인기 있는 지역이
아니었다. 하지만 언제부터인가 전 세계에서 모여든 이들이 이곳에
정착하기 시작하면서 발리에서 가장 핫하고 힙한 지역으로 꼽히게
되었다. 그렇다면 디지털 노마드와 서퍼들은 왜 짱구를 택했을까. 그건
바로 발리에서 누릴 수 있는 모든 것이 짱구에 모여 있기 때문이다.
꾸따의 서핑, 스미냑의 미식과 쇼핑, 우붓의 상징이라 할 수 있는
요가와 계단식 논 그리고 건강한 요리! 이 모든 것이 짱구에 있다.

Pick 발리를 닮은 짱구의 스폿
· 바투 볼롱 비치
· 다이안 서프 스쿨 짱구 발리
· 사마디 발리
· 따나롯 사원
· 코펜하겐
· 밈피 그로서리
· 센소리움 발리
· 라 브리사 발리
· 방갈로 리빙 발리

바투 볼롱 비치 Batu Bolong Beach

꾸따 비치보다 다이내믹한 파도!

꾸따 비치에 비해 파도가 크고 세지
만 짱구의 비치 중에서는 가장 완만
한 편에 속해 서핑 초보자에게 인
기 있는 해변이다. 해변 앞에는 서
핑 레슨을 해주거나 서핑 보드를 빌
려주는 숍이 즐비하고 레스토랑, 카
페, 바도 있어 서핑 후 허기를 채우
기 좋다. 낮에는 서핑, 밤에는 석양
을 즐기는 사람들로 늘 분위기가 활
기차다.

📍 Jl. Pantai Batu Bolong, Canggu, Kec.
Kuta Utara, Kabupaten Badung, Bali
80351 🚶 에코 비치에서 차로 약 8분
🕐 24시간 ⊗ 연중무휴

다이안 서프 스쿨 짱구 발리 Dian Surf School Canggu Bali

꾸따 서핑 스쿨 못지않은 이곳

바투 볼롱 비치에서 믿을 만한 서핑 강습을 받고 싶다
면 이곳으로 가자. 수업은 일대일로 진행하며 현지인
강사들이 친절하고도 안전하게 서핑하는 법을 알려준
다. 별도의 예약은 필요하지 않지만 서핑하기 좋은 파
도가 오는 시간을 알고 싶다면 왓츠앱을 통해 미리 연
락할 것을 권한다.

📍 Jl. Pantai Batu Bolong, Canggu, Kec. Kuta Utara, Kabupaten
Badung, Bali 80351 🚶 바투 볼롱 비치에 위치(꾸따의 서핑 스쿨은
해안 도로 주변에 단독 숍 형태로 있는 경우가 많은 반면 이곳은
바투 볼롱 비치 내에 자리한다.) 🕐 24시간 ⊗ 연중무휴
💰 2시간 강습 400,000Rp(현금 결제만 가능) ✈ www.diansurf
school.com 📞 +62 817-7501-7301 📷 diansurfschool_
canggubali

사마디 발리 Samadi Bali
짱구에서도 아침 요가는 필수!

우붓 못지않게 요가 명소로 각광받는 짱구, 그 중심에는 사마디 발리가 있다. 사마다 발리는 요가 스튜디오뿐만 아니라 숙소, 비건 레스토랑, 오가닉 슈퍼마켓 등을 운영하는 일종의 커뮤니티 기업이다. 탁 트인 통창으로 스며드는 햇살 속에서 푸릇푸릇한 나무를 보며 요가를 할 수 있는 이곳은 아쉬탕가 요가부터 파워 빈야사 요가, 하타 요가 등 프로그램도 다양하다. 또한 요가 스튜디오의 바닥이 고르지 않고 구멍이 나 있는 등 시설은 낙후되었지만 강사진의 실력만큼은 훌륭하다는 평. 매주 일요일 오전 8시부터 오후 3시까지는 오가닉 식재료와 수공예품을 만날 수 있는 선데이 마켓이 열린다.

📍 Jl. Padang Linjong 39, Echo Beach, Canggu, Kec. Kuta Utara, Kabupaten Badung, Bali 80361 🚶 에코 비치에서 차로 약 8분 🕐 06:00~20:00 ❌ 연중무휴 💲 1회 140,000Rp, 6회(3개월 기한) 700,000Rp, 12회(3개월 기한) 1,300,000Rp, 1개월 무제한 2,800,000Rp 🖊 www.samadibali.com 📷 samadiyogacanggu

---

따나롯 사원 Tanah Lot Temple
울루와뚜 사원 대신 이곳

땅을 뜻하는 '따나(Tana)와 물을 의미하는 '롯(Lot)'이 만나 '바다 위에 떠 있는 땅'이란 이름을 갖게 된 사원이다. 16세기 인도네시아 자바에서 온 승려가 힌두 신을 모시는 이 사원을 지었다고 한다. 물이 차오르는 밀물 때에는 사원이 물 위에 떠 있는 것처럼 보이고, 물이 빠지는 썰물 때면 사원까지 길이 이어져 근처까지 걸어갈 수 있다. 따나롯 사원과 바투 볼롱 사원 사이 드넓은 바다로 펼쳐지는 해 질 녘 노을 풍경은 그야말로 장관.

📍 Desa Beraban, Beraban, Kec. Kediri, Kabupaten Tabanan Regency, Bali 82121 🚶 에코 비치에서 차로 약 30분 🕐 06:00~19:00 ❌ 연중무휴 💲 성인 75,000Rp, 어린이(5~10세) 40,000Rp 🖊 www.tanahlot.id 📷 tanahlotid

코펜하겐 Copenhagen
스미낙 감성의 브런치

북유럽 스타일의 메뉴를 선보이는 브런치 카페로 10개 남짓한 테이블이 놓인 아담한 공간은 아침부터 식사와 커피를 즐기러 오는 사람들로 항상 붐빈다. 늘 합석과 웨이팅을 감수해야 하는 이곳은 커피와 디저트는 물론 건강한 재료로 만드는 올데이 아침 식사 메뉴를 취향대로 선택해 즐길 수 있다는 것이 가장 큰 매력. 코펜하겐 베이커리 발리와 코펜하겐 브라와 카페 앤 레스토랑을 함께 운영한다.

📍 Jl. Canggu Padang Linjong No.71A, Canggu, Kec. Kuta Utara, Kabupaten Badung, Bali 80361 🚶 에코 비치에서 차로 약 6분 🕐 06:00~18:00 ✖ 연중무휴 🍴 아침 식사 메뉴 3개(선택 가능) 75,000Rp, 메뉴 5개(선택 가능) 115,000Rp, 런치 메뉴(12:00~) 45,000~90,000Rp, 아메리카노 30,000Rp 카페라테 35,000Rp/ 택스 & 서비스 차지 15% 별도 📷 copenhagen.bali

밈피 그로서리 Mimpi Grocery
짱구에서도 논밭 뷰를

우붓의 상징이라고 할 수 있는 확 트인 논밭 뷰를 짱구에서도 볼 수 있는 레스토랑과 카페가 여럿 있는데, 그중에서도 단연 최고는 밈피 그로서리다. 1층 실내 자리에는 규모는 작지만 수영장이 있어 SNS용 사진을 찍기 좋으며, 2층 야외 좌석은 한적한 자연 속 아름다운 풍경을 감상하기에 더할 나위 없다. 위트 넘치는 이름의 식사 메뉴와 커피, 콤부차, 주스, 스무디 등 음료 맛도 좋다.

📍 Jl. Pantai Batu Mejan No.67H, Canggu, Kec. Kuta Utara, Kabupaten Badung, Bali 80351 🚶 에코 비치에서 차로 약 7분 🕐 07:00~22:00 ✖ 연중무휴 🍴 섹시 치즈 그릴드 토스트(Sexy Cheezy Grilled Toast) 175,000Rp/ 택스 & 서비스 차지 15% 별도 📷 mimpigrocery

⚔️ 🌐 Food & Drink 03

센소리움 발리 Sensorium Bali

짱구의 핫플레이스

호주식 브런치에 아시안 요리를 더한 퓨전 음식을 선보이는 레스토랑. 바삭하게 구운 토르티야에 아보카도, 양상추, 고수, 치즈, 칠리 마요 소스를 더한 크리스피 케사디야가 추천 메뉴이며, 비프를 추가하면 든든한 한 끼 식사가 완성된다. 다만 늘 사람이 많아 소란스러운 분위기는 감수해야 한다.

📍 Jl. Pantai Batu Mejan, Canggu, Kec. Kuta Utara, Kabupaten Badung, Bali 80351 🚶 에코 비치에서 도보 약 11분 🕐 09:00~16:00 ❌ 연중무휴 🍴 크리스피 케사디야(Crispy Quesadillas) 80,000Rp(비프 추가 35,000Rp)/ 택스 & 서비스 차지 16%는 별도 ✈ www.sensoriumbali.co.id 📷 sensorium_bali

---

⚔️ 🍴 Food & Drink 04

라 브리사 발리 La Brisa Bali

짱구의 자유롭고 편안한 감성

편안하고 자유로운 분위기 덕분에 가족과 함께 가기에도 좋은 짱구 최고의 인기 비치 클럽. 거대한 나무 아래에서 자유롭게 즐기는 바다 풍경이 일품이다. 자릿세는 따로 없지만 야외 좌석은 자리에 따라 최소로 주문해야 하는 비용이 다르니 염두에 둘 것.

📍 Jl. Pantai Batu Mejan, Canggu, Kec. Kuta Utara, Kabupaten Badung, Bali 80361 🚶 에코 비치에 위치 🕐 10:00~23:00 ❌ 연중무휴 🍴 프라이드 칼라마리(Fried Calamari) 100,000Rp, 칵테일 115,000~140,000Rp/ 택스 & 서비스 차지 17% 별도 ✈ www.labrisabali.com 📷 labrisabali

---

🔒 Shopping 01

방갈로 리빙 발리 Bungalow Living Bali

'발리스러운' 생활용품이 여기에

홈 인테리어에 관심이 많은 사람에겐 무척 반가운 곳. 내추럴한 디자인의 침구부터 쿠션, 소품까지 다양한 아이템이 가득하다. 부담 없이 살 수 있는 작은 크기의 잡화를 원한다면 맞은편(Jl. Pantai Berawa No.34)에 위치한 방갈로 리빙 발리 홈 스토어를 방문해보자.

📍 Jl. Pantai Berawa No.35A, Canggu, Kec. Kuta Utara, Kabupaten Badung, Bali 80361 🚶 에코 비치에서 차로 약 15분 🕐 월~토요일 09:00~17:30 ❌ 일요일 🛍 파우치 95,000Rp~, 티 코스터 65,000Rp~, 쿠션 350,000Rp~ ✈ www.bungalowlivingbali.com 📷 bungalowlivingbali

Digital Nomad Life

언젠가 한 번쯤,
디지털 노마드로 살아가기

원격 근무(Remote Work)가 업무의 한 방식으로 자리 잡으면서
디지털 노마드(Digital Nomad)가 늘고 있다. 디지털 노마드란
경제학자 자크 아탈리가 『21세기 사전』(1998)에서 처음 소개한
용어로, 장소를 이동하며 일하는 사람을 일컫는다. '노마드
리스트(www.nomadlist.com)'에서는 물가, 인터넷 속도, 즐길 거리,
치안, 기후, 교통 등을 기반으로 디지털 노마드가 살기 좋은 도시를
선정한다. 그중 발리의 짱구는 늘 10위 안에 자리한다. 따뜻하고
온화한 날씨, 저렴한 물가, 서핑을 즐길 수 있는 해변은 물론 다양한
코워킹 스페이스(Coworking Space)도 자리해 워라밸을 추구하는 디지털
노마드에게 최적의 환경이기 때문이다.

Pick 짱구의 코워킹 스페이스
· 비 워크 발리
· 오엑스오 워크랜드
· 트로피컬 노마드 코워킹 스페이스

비 워크 발리 B Work Bali

일과 여가를 한 곳에서

온라인 커뮤니티 '노마드 리스트'에서 짱구에서 가장 일하기 좋은 공간으로 늘 꼽는 곳이다. 다른 코워킹 스페이스보다 가격은 비싼 편이지만 빠른 인터넷 환경, 넓고 쾌적한 근무 공간, 자유롭고 활기찬 분위기는 이곳만의 장점. 화상 전화가 가능한 1인실인 포커스 룸(Focus Room)부터 디지털 노마드들이 한데 어울려 일하는 캐주얼 워크 존(Casual Work Zone), 잠시 쉬기 좋은 야외 옥상 가든과 수영장까지, 일에 집중하기에도 휴식을 누리기에도 좋은 곳이다.

📍 Jl. Nelayan No.9C, Canggu, Kec. Kuta Utara, Kabupaten Badung, Bali 80361 🚶 에코 비치에서 차로 약 7분 🕐 24시간 ❌ 연중무휴 🎫 하루 이용권 280,000Rp, 30시간 이용권(2주) 1,000,000Rp, 1개월 이용권 3,550,000Rp
✈ bwork.id 📷 bwork.bali

트로피컬 노마드 코워킹 스페이스 Tropical Nomad Coworking Space

무료로 먼저 체험해보자!

'집을 떠났지만 집과 같은 편안함'을 모토로 삼는 코워킹 스페이스. 이곳의 가장 큰 장점은 토요일이나 일요일 중 하루, 무료로 공간을 체험할 수 있다는 것이다. 화이트와 원목으로 통일한 깔끔한 분위기의 실내, 식물과 빈백으로 채운 야외 테라스 중에서 마음에 드는 오늘의 일터를 선택해보자. 단, 오후에는 에어컨이 있는 자리가 금세 차고, 인터넷 속도가 느리다는 평.

📍 Jl. Subak Canggu No.2, Canggu, Kec. Kuta Utara, Kabupaten Badung, Bali 80361 🚶 에코 비치에서 차로 약 8분 🕐 24시간 ❌ 연중무휴 🎫 하루 이용권 230,000Rp, 50시간 이용권(30일) 1,200,000Rp, 30일 이용권 2,900,000Rp
✈ www.tropicalnomad.org 📷 tropicalnomadcanggu

제네시스 크리에이티브 센터 Genesis Creative Centre

Experience 05

Plus Spot

크리에이터라면, 코워킹 스페이스 대신 이곳

비디오 스튜디오, 팟캐스트 스튜디오, 사진 스튜디오 등이 모여 있는 인도네시아 최초의 종합 크리에이티브 센터다. 코워킹 스페이스는 아니지만 다양한 스튜디오 시설 덕분에 창의적인 작업을 하는 아트 디렉터들과 유튜버들에게 사랑받는 공간이다. 주변의 여러 편의 시설 역시 이곳만의 장점이다.

📍 Jl. Pantai Berawa No.99, Tibubeneng, Kec. Kuta Utara, Kabupaten Badung, Bali 80361 🏃 에코 비치에서 차로 약 13분 🕐 월~토요일 09:00~19:00 ❌ 일요일 💲 비디오 스튜디오 (1시간) 750,000Rp, 팟캐스트 스튜디오(1시간) 750,000Rp, 사진 스튜디오(1시간) 750,000Rp, 음악 스튜디오(1시간) 500,000Rp ✈ www.inspireatgenesis.com 📷 inspireatgenesis

---

오엑스오 더 팩토리 OXO The Factory

Experience 06

Plus Spot

오엑스오 워크랜드의 새로운 변신

크리에이터들의 모임터로 유명했던 '오엑스오 워크랜드'가 '오엑스오 더 팩토리'로 이름을 바꾸고 새롭게 문을 열었다. 코워킹 스페이스로 사용했던 공간은 이벤트, 컨퍼런스, 회의, 워크숍, 전시회, 강연, 사교 활동을 위한 문화 공간으로 활용된다. 높은 층고로 탁 트인 개방감을 선사하는 이곳에는 다목적 공간인 메인 갤러리과 소규모 세미나 장소로 적합한 작은 공간들, 스튜디오 등이 자리한다. 공간 대여 방법과 비용은 왓츠앱을 통해 문의하면 된다.

📍 Gg. Jalak VIB No.4, Tibubeneng, Kec. Kuta Utara, Kabupaten Badung, Bali 80365 🏃 에코 비치에서 차로 약 12분 🕐 08:00~20:00 ❌ 연중무휴 💲 왓츠앱을 통해 문의 ✈ www.oxoliving.com/oxo-the-factory 📞 +62 817-655-1777

짱구 코워킹 스페이스와 스튜디오 주요 이용권 비교

상호	이용권(사용 가능 기간)	가격	혜택
비 워크 발리	하루 이용권 (00:00~24:00)	280,000Rp	와이파이 하루 이용, 포커스 룸 1시간, 프린트 10쪽
	30시간 이용권 (2주)	1,000,000Rp	와이파이 30시간 이용, 포커스 룸 8시간(하루에 최대 2시간 이용 가능), 프린트 20쪽
	1개월 이용권 (1개월)	3,550,000Rp	와이파이 1개월 이용, 포커스 룸 하루 2시간, 프린트 30쪽, 음료 10회 무료 이용권, 라커 1개월, 스튜디오 룸 3시간
트로피컬 노마드 코워킹 스페이스	하루 이용권 (24시간)	230,000Rp	와이파이 하루 이용
	50시간 이용권 (30일)	1,200,000Rp	와이파이 50시간 이용, 스카이프 부스 3시간, 프린트 10쪽
	30일 이용권	2,900,000Rp	와이파이 1개월 무제한 이용, 스카이프 부스 12시간, 프린트 40쪽, 라커 무료 제공
제네시스 크리에이티브 센터	비디오 스튜디오(1시간)	750,000Rp	소니 4K 카메라 등 다양한 장비 제공
	팟캐스트 스튜디오(1시간)	750,000Rp	소니 4K 카메라 등 다양한 장비 제공
	사진 스튜디오(1시간)	750,000Rp	소니 카메라, 렌즈 등 다양한 장비 제공
	음악 스튜디오(1시간)	500,000Rp	다양한 오디오 장비 제공

 Food & Drink 05

진 카페 ZIN Cafe 짱구점 Canggu

편하게 일하기 좋은 코워킹 카페

자유로우면서도 일에 집중할 수 있는 분위기의 카페. 카페 안쪽에 조용하게 일하기 좋은 코워킹 공간이 따로 마련되어 있는데, 이곳을 이용하기 위해서는 음식, 음료 등으로 최소 250,000Rp의 금액을 지불해야 한다. 브라와에도 지점이 있다.

📍 Jl. Nelayan No.78F, Canggu, Kec. Kuta Utara, Kabupaten Badung, Bali 80361 🚶 에코 비치에서 차로 약 8분 🕐 06:30~24:00 ✖ 연중무휴 🍽 아침 식사 65,000~140,000Rp, 파스타 75,000~105,000Rp, 롱 블랙(Long Black) 35,000Rp 📨 zin.world/zin-cafe 📷 zin_cafe

 Food & Drink 06

아몰라스 카페 Amolas Cafe

눈치 보지 않고 오래 일해도 좋은 카페

'일도 하고, 놀기도 하고' 두 마리 토끼를 모두 잡고 싶은 사람, 여기 모여라! 음식과 음료의 가격은 합리적이고, 에어컨이 설치된 쾌적한 실내 좌석과 풍덩 뛰어들 수 있는 야외 풀장까지 모두 갖췄기 때문. 숙박 시설, 아몰라스 빌라도 함께 운영 중이다.

📍 Jl. Kayu Tulang No.16, Canggu, Kec. Kuta Utara, Kabupaten Badung, Bali 80361 🚶 에코 비치에서 차로 약 10분 🕐 07:30~21:00 ✖ 연중무휴 🍝 파스타 45,000~55,000Rp, 스무디 40,000~45,000/ 택스 & 서비스 차지 16% 별도 📨 amolasgroup.com/AmolasCafe 📷 amolascafe

 Food & Drink 07

미엘 커피 짱구 Miel Coffee Canggu

오래 머물고 싶은 예쁜 카페

높은 층고와 탁 트인 통창, 곳곳에 배치된 식물이 매력적인 카페다. 간단히 요기하기 좋은 스크램블드에그를 비롯해 아보 토스트, 와규 버거 등이 인기. 오래 머물며 노트북을 이용한 작업을 하고 싶다면 아침 일찍 움직여 2층 자리를 사수하자.

📍 Jl. Pantai Batu Bolong No.5, Canggu, Kec. Kuta Utara, Kabupaten Badung, Bali 80361 🚶 에코 비치에서 차로 약 8분 🕐 07:00~19:00 ✖ 연중무휴 🍝 미엘 페이머스 스크램블(Miel Famous Scramble) 65,000Rp, 블랙 커피 28,000~37,000Rp/ 택스 & 서비스 차지 16% 별도 📷 miel.bali

가장 트렌디한 발리, 짱구는
먹고 마시고, 즐기고, 쇼핑하는 곳도 남다르다.
단기 여행을 체류 여행으로 만들어줄 짱구의 매력적인 스폿들을 소개한다.

Best Spots in Canggu

짱구 추천 스폿

 Sightseeing

 Experience

 Food & drink

 Shopping

에코 비치 Echo Beach
서핑 상급자들의 놀이터

꾸따와 스미냑에서 북서쪽으로 약 35km 떨어진 곳에 위치한 검은 모래 해변이다. 원래 이름은 판타이 바투 메잔(Pantai Batu Mejan)으로 해변 끝에 위치한 사원의 이름을 따서 지었는데, 외국인 서퍼들이 '에코 비치'라는 별명을 붙이면서 지금의 이름이 되었다. 파도가 높고 빠른 편이라 서핑 상급자들에게 알맞은 곳이다. 짱구에서 가장 인기 있는 비치 클럽인 라 브리사 발리»p.205가 있어 많은 여행자가 몰려들지만, 서핑 스쿨과 클럽들이 정기적으로 바다 주변을 청소하는 덕분에 다른 해변보다 깨끗하다.

📍 Jl. Pura Batu Mejan, Canggu, Kec. Kuta Utara, Kabupaten Badung, Bali 80361 🚶 바투 볼롱 비치에서 차로 약 8분 🕐 24시간 ✖ 연중무휴
Ⓖ Echo Beach Surfspot

브라와 비치 Berawa Beach
조용히 산책과 해변 풍경을 즐기고 싶다면

브라와 비치는 스미냑에서 가장 가까운 짱구 해변으로, 남쪽의 꾸따 비치나 스미냑 비치에 비해 평화롭고 한적한 분위기가 매력이다. 오전에는 조깅과 산책을 하는 사람들, 오후에는 저녁 노을을 즐기는 이들을 볼 수 있다. 파도가 크고 조류가 세서 초급자보다는 중급자 이상 서퍼들이 타기에 좋으며, 수영을 즐기기에는 적합하지 않다. 해변 주변에 많은 호텔과 리조트, 유명 비치 클럽인 핀스 비치 클럽»p.220과 아틀라스 비치 클럽»p.221이 자리한다.

📍 Jl. Pantai Berawa, Tibubeneng, Kec. Kuta Utara, Kabupaten Badung, Bali 80361 🚶 에코 비치에서 차로 약 13분 🕐 24시간 ✖ 연중무휴

더 프랙티스 The Practice
깔끔하고 고급스러운 느낌의 요가원

몸과 마음의 조화를 목표로 하는 전통 하타 요가에 기반을 둔 요가원으로, 사마디 발리와 함께 짱구에서 아주 유명한 곳 중 하나다. 발리 전통 가옥의 느낌을 살린 이곳은 무엇보다 층고가 높아 압도적인 공간감을 자랑한다. 일요일을 제외한 모든 요일에 아침부터 저녁까지 대략 4개 이상의 수업을 진행하며, 수업당 75분가량 소요된다. 수업은 한 자세를 오래 지속하는 게 핵심인 하타 요가의 특성을 살리면서도 난이도가 높지 않고 차근차근 진행해 요가가 처음인 사람에게도 추천한다.

📍 Jl. Batu Bolong 94A, Kec. Kuta Utara, Kabupaten Badung, Bali 80351 🚶 에코 비치에서 도보 약 17분 🕐 월~토요일 07:00~18:00, 일요일 07:00~14:00 ✖ 연중무휴
💳 1회 150,000Rp, 5회 690,000Rp, 10회 1,350,000Rp, 1개월 무제한 2,700,000Rp ✈ www.thepracticebali.com
📷 thepracticebaliyoga

✳ Experience 08
프라나바 요가 Pranava Yoga
짱구의 번잡함을 잊게 하는 요가

프라나바 요가원은 각자의 몸이 다름을 인정하며 안전하고 즐겁게 요가를 하는 것에 중점을 둔다. 빈야사와 하타 요가 클래스가 주를 이루며, 초급부터 고급까지 각자의 수준에 맞는 세심하고 집중도 높은 지도가 돋보인다.

📍 Jl. Pantai Berawa Br Pelambingan, No. 37, Kec. Kuta Utara, Kabupaten Badung, Bali 80361 🚶 에코 비치에서 차로 약 15분
🕐 08:00~18:30 ✖ 연중무휴 💳 1회 110,000Rp, 5회 500,000Rp, 12회 1,100,000Rp ✈ www.matrabali.com/pranava-yoga 📷 yoga_pranava

✳ Experience 09
세레니티 에코 게스트 하우스 앤 요가
Serenity Eco Guesthouse & Yoga
부담 없이 즐기는 소규모 요가 수업

요가 스튜디오는 물론 친환경 숙소와 비건 레스토랑까지 모든 것을 해결할 수 있는 공간. 하루에 9개 이상의 요가 수업을 진행하고 수준별로 클래스가 나뉘어 있다는 것이 특징. 가격도 합리적이다.

📍 Jl. Nelayan, Canggu, Kec. Kuta Utara, Kabupaten Badung, Bali 80361 🚶 에코 비치에서 도보 약 24분 🕐 07:30~19:00
✖ 연중무휴 💳 1회 130,000Rp, 1일 무제한 200,000Rp, 5회(2개월 기한) 550,000Rp, 30일 무제한 2,000,000Rp
✈ www.serenitybali.com 📷 serenitybali

셰이디 섀크 Shady Shack

비건 음식의 정석

짱구에서는 건강한 자연주의 음식을 어렵지 않게 만날 수 있지만, 그럼에도 이곳에 가야 하는 이유는 재료 본연의 맛과 영양을 담은 홀푸드(Wholefood)를 즐길 수 있기 때문이다. 요리의 간도 세지 않은 편이고, 플레이팅 또한 고운 자줏빛, 쪽빛 등 재료 본연의 색과 모양을 살린다. 좌석 대부분이 있는 야외 공간에는 사람 키만 한 나무가 가득해 '플랜테리어'를 사랑하는 사람에게는 천국이 따로 없다. 늘 사람이 많지만 소란스럽거나 어수선하지 않다. 친절한 직원, 합리적인 가격도 입소문의 이유 중 하나.

📍 Jl. Tanah Barak No.57, Canggu, Kec. Kuta Utara, Kabupaten Badung, Bali 80351 🚶 에코 비치에서 도보 약 12분
🕐 07:30~22:30 ⊗ 연중무휴 🍴 슈퍼푸드 샐러드 (Superfood Salad) 80,000Rp, 케일 스톰 스무디(Kale Storm Smoothie) 52,000Rp/ 택스 & 서비스 차지 15% 별도 ✈ www.theshadyshackbali.com
📷 theshadyshack

아이 엠 비건 베베 I am Vegan Babe

셰이디 섀크와 양대 산맥인 비건 레스토랑

셰이디 섀크가 편안한 느낌이라면, 이곳은 아기자기하고 세련된 분위기다. 꿀을 포함한 동물성 재료를 사용하지 않고, 대체육처럼 100% 식물성 재료만 사용한 비건 음식을 선보인다. 이곳엔 유독 요가복을 입은 손님이 많은데, 운동 후 가벼운 한 끼로 손색없는 메뉴를 갖췄기 때문이다. 인기 메뉴인 스무디 볼은 과일과 그래놀라 등 재료에 따라 종류가 다양하다. 논밭 뷰를 감상할 수 있는 2층 창가 좌석은 이곳의 명당 자리. 주변에 채식 음식점이 모여 있으니 다음 목적지를 여유롭게 검색해보자.

📍 Jl. Tanah Barak No.49, Canggu, Kec. Kuta Utara, Kabupaten Badung, Bali 80351 🚶 에코 비치에서 도보 약 13분 🕐 07:00~22:00 ⊗ 연중무휴
🍴 스무디 볼(Smoothie Bowl) 75,000Rp, 크레이지 브랙퍼스트(Crazy Breakfast) 75,000Rp/ 택스 & 서비스 차지 16% 별도 ✈ www.iamveganbabe. com 📷 iamveganbabe

클리어 카페 Clear Cafe 짱구껄 Canggu
전 세계의 비건 음식이 이곳에

외관이 식물로 뒤덮인 독특한 2층 건물이 눈앞에 있다면 클리어 카페에 제대로 도착한 것이다. 좁다란 1층 입구로 들어서면 직원이 신발주머니를 건넨다. 초등학교 시절로 돌아간 듯 주머니에 신발을 담아 2층으로 올라간다. 층고가 높고 모던하면서도 팝아트적인 느낌이 혼재된 인테리어는 의외로 안락한데, 은은한 조명과 감미로운 음악, 좌석 간 충분한 거리가 이에 한몫한다. 메뉴는 인도네시안 음식부터 태국, 멕시칸, 웨스턴 요리까지 다양하다. 낮도 좋지만 그윽한 분위기가 매력인 저녁 시간대에 방문할 것을 추천. 스파와 요가원을 함께 운영 중이며 우붓에도 지점이 있다.

📍 Jl. Pantai Batu Mejan No. 34, Canggu, Kec. Kuta Utara, Kabupaten Badung, Bali 80351 🚶 에코 비치에서 도보 약 9분
🕐 08:00~22:00 ❌ 연중무휴 🍴 타이 파파야 샐러드(Thai Papaya Salad) 50,000Rp, 팟타이(Pad Thai) 75,000Rp, 발리 베리 아이스티(Bali Berry Ice Tea) 35,000Rp/ 택스 & 서비스 차지 20% 별도 ✈ www.clearcafebali.com 📷 clearcafe_canggu

라이즈 앤 샤인 카페 Rise and Shine Cafe
소박하지만 늘 북적이는 인기 브런치 맛집

지척에 있는 코펜하겐과 함께 짱구의 브런치 레스토랑의 양대 산맥을 이룬다. 이곳은 오전 7시에 문을 열어 오후 3시면 닫는다. 공간이 크지 않은 데다 일찍부터 사람들이 모여들기 때문에 오픈 직후를 노려 부지런히 움직여야 한다. 테이블마다 과일, 그래놀라가 듬뿍 담긴 스무디 볼을 주문하는데, 바로 인기 메뉴인 드래곤 볼. 한국 돈으로 1만 원도 안 되는 가격에 정갈하고 푸짐한 식사가 가능하다. 오토바이 소음으로 시끄러울 수 있으니 조용한 식사를 원한다면 내부 자리를 선택하자.

📍 Jl. Canggu Padang Linjong No.71A, Canggu, Kec. Kuta Utara, Kabupaten Badung, Bali 80361 🚶 에코 비치에서 도보 약 18분
🕐 07:00~15:00 ❌ 연중무휴 🍴 스무디 볼(Smoothie Bowl) 78,000~90,000Rp, 아이스 커피(Ice Coffee) 30,000Rp
📷 riseandshine_bali

페니 레인 Penny Lane
인스타그램 핫플레이스

입구에서부터 사진을 찍는 사람들만 봐도 이곳의 인기를 실감할 수 있다. 페니 레인은 지중해 감성이 느껴지는 이국적인 인테리어와 감각적인 플레이팅으로 인생 샷을 찍기 좋은 핫플레이스로 유명하다. 거기에 스테이크, 버거, 감자튀김 등의 음식 맛도 좋아 미각적인 즐거움도 충족된다. 다만 연신 셔터를 누르는 이들 때문에 소란스러운 분위기에서 식사를 할 수밖에 없는 점은 다소 아쉬운 부분이다.

📍 Jl. Munduk Catu No.9, Canggu, Kec. Kuta Utara, Kabupaten Badung, Bali 80351 🚶 에코 비치에서 도보 약 13분 🕐 08:00~24:00 ❌ 연중무휴 🍴 트러플 프라이스(Truffle Fries) 75,000Rp, 맥 앤 치즈 볼(Mac N' Cheese Balls) 70,000Rp, 버거 95,000~125,000Rp, 빈땅 맥주 40,000~50,000Rp/ 택스 & 서비스 차지 16% 별도
✈ www.pennylanebali.com 📷 pennylanebali
Ⓖ Penny Lane bali

더 아보카도 팩토리 The Avocado Factory
발리 최초의 아보카도 바

발리에서 키운 아보카도를 재료로 건강한 요리를 선보인다. 메뉴는 아보카도 고유의 맛을 살린 기본 음식부터 아보 팬케이크, 에그 가츠 산도처럼 창의적인 퓨전 요리까지 다양하다. 그중 적미에 두부, 완두콩, 퀴노아, 옥수수 등으로 토핑한 포케 볼(Poke Bowl)은 강한 향신료가 들어가지 않고 간도 적당해 한국인의 입맛에 잘 맞는다.

📍 Jl. Batu Mejan Canggu, Canggu, Kec. Kuta Utara, Kabupaten Badung, Bali 80351 🚶 에코 비치에서 도보 약 13분 🕐 07:00~22:30 ❌ 연중무휴 🍴 포케 볼(Poke Bowl) 80,000Rp, 아보 팬케이크 (Avo Pancake) 90,000Rp/ 택스 & 서비스 차지 17% 별도 ✈ www.tavologroup.com/theavocadofactory 📷 theavocadofactory

✖️ 🌳 Food & Drink 14

와룽 시카 Warung Sika

고기 메뉴가 많은 나시참푸르 식당

한 번도 가보지 않은 사람은 있어도 한 번만 가본 사람은 없다는 인도네시안 요리 전문점이다. 미고렝, 나시고렝 등 단품 요리도 괜찮지만 밥과 반찬을 골라 담는 나시참푸르가 인기. "간은 좀 센 편이지만 고기 종류의 반찬이 많아 배 든든하게 먹을 수 있다"라는 후문이 자자하다. 싱그러운 논밭 뷰는 덤.

📍 Jl. Tanah Barak No.45, Canggu, Kec. Kuta Utara, Kabupaten Badung, Bali 80351 🚶 에코 비치에서 도보 약 13분
🕐 09:00~21:00 ✖ 연중무휴 🍴나시참푸르 30,000Rp~
📷 warung_sika

✖️ 🌳 Food & Drink 15

와 룽 부 미 Warung Bu Mi

짱구의 자유롭고 편안한 감성이 여기에

와룽 부 미에서는 줄을 서는 것도, 모르는 사람과의 합석도 당연한 일이다. 정갈하게 놓인 쇼케이스의 요리들 앞에는 영문 메뉴명과 가격이 적혀 있고, 특히 비건 표시가 잘되어 있다. 기름진 음식이 부담스러운 사람들이 방문하기 편안한 곳.

📍 Jl. Pantai Batu Bolong, Canggu, Kec. Kuta Utara, Kabupaten Badung, Bali 80361 🚶 에코 비치에서 차로 약 6분
🕐 08:00~22:00 ✖ 연중무휴 🍴나시참푸르 30,000Rp~
📷 warungbumicanggu

✖️ 🌳 Food & Drink 16

와룽 로컬 Warung Local 짱구점 Canggu

깔끔한 나시참푸르 가게를 찾는다면

와룽 시카, 와룽 부 미와 함께 짱구를 대표하는 나시참푸르 식당. 마치 카페를 연상케 하는 아기자기한 인테리어와 깔끔한 반찬 진열 덕분에 인기가 많다. 밥과 반찬 개수가 정해진 나시참푸르 패키지 메뉴를 선택하면 가격 계산이 쉽다. 울루와뚜에도 지점이 있다.

📍 Jl. Pantai Batu Bolong No.10, Canggu, Kec. Kuta Utara, Kabupaten Badung, Bali 80361 🚶 에코 비치에서 차로 약 10분 🕐 10:00~22:00
✖ 연중무휴 🍴나시참푸르 패키지 35,000~49,000Rp, 소프트 드링크 15,000Rp(50,000Rp 이상만 카드 결제 가능) 📷 warunglocal

 Food & Drink 17

피자 파브리카 짱구 Pizza Fabbrica Canggu

인생 피자를 만나다

화덕에서 구워내는 정통 이탈리아 피자를 선보인다. 이곳의 대표 메뉴는 가게 이름과 같은 '파브리카' 피자로 바삭하고 얇은 도우와 이탈리아산 프리미엄 토마토소스, 햄, 치즈가 조화롭게 어우러진다. 먹다 보면 어느새 한 판의 피자가 없어졌을지도. 곁들이는 음료로는 수제 맥주를 추천한다.

📍Jl. Pantai Batu Mejan, Canggu, Kec. Kuta Utara, Kabupaten Badung, Bali 80351 🚶에코 비치에서 도보 약 11분 ⏱10:00~23:45 ✕연중무휴 🍴마가리타(Margherita) 70,000Rp, 파브리카(Fabbrica) 160,000Rp, 수제 맥주(Craft Beer) 45,000~160,000Rp/ 택스 & 서비스 차지 16% 별도 ✈www.pizzafabbricabali.com 📷pizzafabbricabali

 Food & Drink 18

크레이트 카페 Create Cafe

아침을 시작하기 좋은 브런치 카페

카페 입구에 나란히 주차된 오토바이들이 핫플레이스를 증명한다. 벽면을 가득 채운 메뉴판 앞에서 무엇을 골라야 할지 당황스럽다면 다음을 떠올리자. 브런치는 브레키 플레이트(Brekkie Plate), 스무디 볼은 힙스터(Hipstar)가 인기다. 정원을 독차지 할 수 있는 야외 좌석에 앉는다면 진정한 승자.

📍Jl. Canggu Padang Linjong No.49F, Canggu, Kec. Kuta Utara, Kabupaten Badung, Bali 80351 🚶에코 비치에서 차로 약 7분 ⏱06:00~17:00(마지막 주문 16:00) ✕연중무휴 🍴식사 메뉴 65,000Rp, 스무디 볼(Smoothie Bowl) 65,000Rp, 롱 블랙(Long Black) 30,000Rp ✈www.lifescrate.com 📷cratecafe

Food & Drink 19

무슈 스푼 Monsieur Spoon 짱구점 Canggu

마켓 쇼핑 후 쉬어 가기 좋은 체인 카페

인기 마켓 '러브 앵커' 근처에 자리해 가볍게 들르기 좋은 곳. 야외 좌석 또는 에어컨이 있어 시원한 내부 자리에서 프랑스식 베이커리로 출출함을 달래기 좋다. 샌드위치, 파스파 등의 식사 메뉴뿐만 아니라 시나몬 애플 크럼블 등의 디저트류도 인기. 음료의 맛은 무난한 편.

📍Jln Pantai Batu Bolong No.55, Canggu, Kec. Kuta Utara, Kabupaten Badung, Bali 80361 🚶에코 비치에서 차로 약 6분 ⏱07:00~21:00 ✕연중무휴 🍴스모크 치킨 크루아상(Smoked Chicken Croissant) 69,000Rp, 시나몬 애플 크럼블(Cinnamon Apple Crumble) 45,000Rp, 카페 롱 블랙(Cafe Long Black) 34,000~39,000Rp ✈www.monsieurspoon.com 📷monsieurspoon

Food & Drink 20

더 론 짱구 The Lawn Canggu

이 밤의 끝을 잡고

라 브리사 발리 »p.205가 자연적이고 편안한 느낌이라면, 더 론 짱구
는 트렌디하고 모던한 비치 클럽이다. 입장료는 없지만 선베드, 데이
베드 등의 자리는 1인당 최소 지불 금액이 있고 보증금도 내야 한다.
혼자라면 미니멈 차지가 없는 잔디밭 자리에 앉을 것을 추천.

📍 Jl. Pura Dalem, Canggu, Kec. Kuta Utara, Kabupaten Badung, Bali 80361
🚶 바투 볼롱 비치에 위치. 에코 비치에서 차로 약 8분 🕐 월~금요일 10:00~22:00,
토~일요일 10:00~23:00 ❌ 연중무휴 🍸 칵테일 130,000~140,000Rp/ 택스 &
서비스 차지 17% 별도 ✈ www.thelawncanggu.com 📞 +62 811-3800-4951
📷 thelawncanggu

Food & Drink 21

핀스 비치 클럽 Finns Beach Club

"핀스 비치 클럽 같이 가실 분!"

젊은 여성과 커플에게 전폭적인 지지를 받고 있는 곳으로, 우리나
라 사람들이 여행 커뮤니티에서 동행을 찾을 만큼 핫하다. 4개의
수영장, 5개의 레스토랑, 9개의 바 등을 갖출 정도로 규모도 크다.
일반 존, VIP존으로 나뉘어 있으며 싱글 디럭스 베드, 디럭스 베드
등에 따라 최소 지불해야 하는 금액이 상이하다.

📍 Jl. Pantai Berawa No.99, Canggu, Kec. Kuta Utara, Kabupaten Badung, Bali
80361 🚶 에코 비치에서 차로 약 15분 🕐 11:00~24:00 ❌ 연중무휴
🍸 칵테일 135,000Rp~/ 택스 & 서비스 차지 18% 별도 ✈ www.finnsbeachclub.
com 📷 finnsbeachclub

 Food & Drink 22

블랙 샌드 브루어리 Black Sand Brewery

"발리에는 빈탕 맥주만 있는 게 아니에요!"

짱구에서 가장 맛있는 수제 맥주를 맛볼 수 있는 곳으로, 맥주의 깊
고 진한 풍미가 특징이다. 층고가 높은 내부 공간 끝에는 확 트인 논
밭 뷰의 야외 자리가 있다. 이곳의 대표 맥주인 IPA는 싱그러운 과
일 향과 적당히 쓴맛이 균형 있게 어우러져 호불호가 드물다.

📍 Jl. Pantai Batu Bolong, Canggu, Kec. Kuta Utara, Kabupaten Badung, Bali
80361 🚶 에코 비치에서 차로 약 10분 🕐 12:00~24:00 ❌ 연중무휴 🍺 수제 맥주
75,000~85,000Rp, 피자 70,000~120,000Rp/ 택스 & 서비스 차지 15% 별도
✈ www.blacksandbrewery.com 📷 blacksandbrewery(요일에 따라 다양한
프로모션 행사 공지)

🍴🌐 Food & Drink 23

밀루 바이 눅 Milu by Nook

스미냑 뷰 맛집을 짱구에서도

논밭 뷰로 유명한 스미냑의 눅(Nook)»p.169에서 운영하는 브런치 레스토랑. 탁 트인 논밭 풍경과 화이트와 우드 색감을 사용한 인테리어는 눅과 비슷한 감성을 자아낸다. 인도네시안 음식과 서양 요리, 채식 메뉴가 있다.

📍 Jl. Pantai Berawa No. 90X, Canggu, Kuta, Tibubeneng, Kec. Kuta Utara, Kabupaten Badung, Bali 80361 🚶 에코 비치에서 차로 약 15분 ⏰ 08:00~23:00 ❌ 연중무휴 🍴 스무디 볼 (Smoothie Bowl) 75,000Rp/ 택스 & 서비스 차지 16% 별도 milubynook Ⓖ Milu Bali

🍴🌐 Food & Drink 24

밀크 앤 마두 Milk & Madu 브라와점 Berawa

키즈 메뉴와 놀이터가 있는 브런치 레스토랑

아이를 위한 메뉴와 놀이 공간이 마련되어 있어 가족 여행객에게도 사랑받는 곳이다. 저녁에 열리는 라이브 공연도 매력 중 하나. 짱구 비치 로드에도 지점이 있으니 동선에 맞는 곳을 방문해보자.

📍 Jl. Pantai Berawa No.52, Tibubeneng, Kec. Kuta Utara, Kabupaten Badung, Bali 80361 🚶 에코 비치에서 차로 약 15분 ⏰ 07:00~22:00 ❌ 연중무휴 🍴 아침 메뉴 65,000Rp~, 점심 메뉴 90,000Rp~/ 택스 & 서비스 차지 16% 별도 ✈ www.milkandmadu.com 📷 milkandmadu

🍴🌐 Food & Drink 25

더 커먼 카페 The Common Cafe

건강한 식사로 여는 짱구의 아침

기분 좋게 하루를 열고 싶다면 더 커먼 카페로 향하자. 호주 스타일의 건강한 식사를 즐기기에 이만한 곳도 없다. 타코 맛집으로 유명하며 "음식 맛도 좋지만 직원이 친절해 재방문하고 싶다"라는 평도 많다.

📍 Jl. Pantai Batu Bolong No.65, Canggu, Kec. Kuta Utara, Kabupaten Badung, Bali 80351 🚶 에코 비치에서 도보 약 18분 ⏰ 07:00~22:00 ❌ 연중무휴 🍴 아침 메뉴 70,000Rp~ 타코 30,000~42,000Rp/ 택스 & 서비스 차지 16% 별도 ✈ www.thecommonbali.com 📷 thecommonbali

🍴🍕 Food & Drink 26

루이지스 핫 피자 Luigi's Hot Pizza

클럽 아니고 유명 피자집

경쾌한 음악이 흘러나오는 이곳에 들어서면 핫한 클럽 공간이 펼쳐질 것 같지만, 바삭한 도우와 재료 본연의 맛을 살린 토핑이 절묘하게 어우러지는 나폴리식 피자집이다. 차분하게 식사하고 싶다면 오픈 시간에 방문할 것.

📍 Jl. Batu Mejan, Canggu, Kec. Kuta Utara, Canggu, Kabupaten Badung, Bali 80351 🚶 에코 비치에서 도보 약 15분 ⏰ 16:00~24:00 ❌ 연중무휴 🍴 피자 100,000~150,000Rp/ 택스 & 서비스 차지 17% 별도 ✈ www.luigishotpizza.com 📷 luigishotpizzabali

🍴🛎 Food & Drink 27

베이크드 Baked. 브라와점 Berawa

한정판 아몬드 크루아상이 단연 인기

오전 9시만 돼도 문 앞에 줄지어 대기하는 사람들로 북적이는 베이커리 카페. 인기 메뉴인 아몬드 크루아상은 매일 한정 수량만 판매하며 스크램블도 훌륭하다.

📍 Jl. Raya Semat Gg. Kupu Kupu No.1, Tibubeneng, Kec. Kuta Utara, Kabupaten Badung, Bali 80361 🚶 에코 비치에서 차로 약 10분 ⏰ 07:00~19:00 ❌ 연중무휴 🍴 아몬드 크루아상(Almond Croissant) 40,000Rp, 베스트 스크램블(Best Scramble) 70,000Rp/ 택스 & 서비스 차지 15% 별도 ✈ www.baked.co.id baked.indonesia

🍴🏖 Food & Drink 28

아틀라스 비치 클럽 Atlas Beach Club

발리 최대 규모의 비치 클럽

거대한 돔 모양의 외관이 인상적인 비치 클럽. 화려한 외관과 달리 내부는 편안한 분위기이며 가족 단위 여행객에게도 인기가 많다.

📍 Jl. Pantai Berawa No.88, Tibubeneng, Kec. Kuta Utara, Kabupaten Badung, Bali 80361 🚶 브라와 비치 근처에 위치. 에코 비치에서 차로 약 15분 ⏰ 10:00~24:00 ❌ 연중무휴 🍴 입장료 150,000Rp(음료 한 잔과 비치 타월 대여료 포함), 칵테일 120,000Rp~/ 택스 & 서비스 차지 20% 별도 ✈ www.atlasbeachfest.com/beach-club(예약 및 다양한 이벤트 소식은 홈페이지에서 확인) atlasbeachclub

데우스 엑스 마키나

Deus Ex Machina 더 템플 오브 인수지애즘 The Temple of Enthusiasm

데우스 엑스 마키나는 짱구 지점으로

호주의 라이프스타일 브랜드로 모토사이클 맞춤 제작으로 시작해 서핑, 스케이트 보딩 상품까지 영역을 넓혔다. 발리 전역에 매장이 있지만 그중 짱구 지점이 가장 크며, 의류점과 카페, 바버 숍, 스케이트보드장, 갤러리, 사진 스튜디오 등이 있다. 아웃도어 의류, 소품은 한국보다 20~30% 저렴하다.

📍 Jl. Pantai Batu Mejan No.8, Canggu, Kec. Kuta Utara, Kabupaten Badung, Bali 80361 🚶 에코 비치에서 도보 약 15분 🕐 08:00~24:00 ✖ 연중무휴 👕 티셔츠 425,000Rp~ ✈ www.id.deuscustoms. com 📷 deustemple

---

인도솔 Indosole 에코비치점 Echo Beach

폐타이어로 만든 슬리퍼의 힘

물건 하나를 사더라도 이왕이면 착한 소비를 하고 싶은 건 당연한 일. 인도솔은 폐타이어와 스니커즈 밑창을 재활용해서 만든 샌들과 슬리퍼를 판매한다. 재활용 소재를 사용하는 것뿐만 아니라 신발 제조 과정을 간소화해 폐기물 생산을 줄이는 점도 상당히 인상적이다. 이곳의 모든 제품은 100% 방수가 될 뿐 아니라 군더더기 없는 심플한 디자인과 편안한 착용감이 특징이다. 우붓, 울루와뚜에도 지점이 있으며 발리 전역의 유명 편집 숍에서도 만나볼 수 있다.

📍 Jl. Pantai Batu Mejan No.69 Kec. Kuta Utara, Kabupaten Badung, Bali 80361 🚶 에코 비치에서 도보 약 6분 🕐 08:00~20:00 ✖ 연중무휴 👕 슬리퍼 395,000Rp~ ✈ www.indosole.id 📷 indosole Ⓖ Indosole Echo Beach

페이퍼클립 피플 Paperclip People
친환경 제품에 관심이 많다면

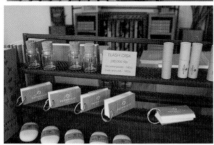

친환경 소재로 제품을 만드는 페이퍼클립이 운영하는 편집 숍. 이곳엔 독특한 소품이 많아 여행 기념품을 사기에 좋다. 노트, 볼펜, 엽서, 파우치, 향초, 옷, 가방 등 다양한 제품을 만날 수 있는데, 그중에서도 재활용한 종이로 만든 USB를 추천한다. 가격대는 조금 높지만 친환경적인 소재로 만들어 의미도 있고, 부피도 적게 차지해 선물하기에 제격이다. 소이 왁스와 오가닉 에센셜 오일로 만든 향초도 인기.

📍 Jl. Pantai Batu Bolong No.18, Canggu, Kec. Kuta Utara, Kabupaten Badung, Bali 80361 🚶 에코 비치에서 차로 약 5분
🕐 09:00~22:00 ✖️ 연중무휴 💰 USB 290,000Rp, 향초 390,000Rp ✈️ www.paperclip-store.com 📷 paperclip.people
Ⓖ Paperclip People Canggu

이샤 내추럴스 Isha Naturals 바투 볼롱점 Batu Bolong
천연 화장품으로 내 몸을 건강하게

천연 원료만으로 만든 비건 코즈메틱 브랜드. 심플한 제품 패키지 디자인과 닮은 미니멀한 인테리어의 가게 안에는 스킨케어 제품을 비롯해 헤어와 보디 케어 제품, 향수, 디퓨저, 룸 스프레이가 정갈하게 진열되어 있다. 이곳의 시그니처 제품은 '페이셜 엘릭시어'로 끈적이지 않으면서 촉촉한 보습력을 자랑하는 페이스 오일이다. 잠들기 전 베개에 뿌리는 필로 미스트는 선물용으로 추천. 가격표가 따로 없어 일일이 직원에게 문의해야 하는 것은 단점이다. 상시 세일을 하니 방문 전 SNS를 살펴보자. 브라와, 우붓에도 지점이 있다.

📍 Jl. Pantai Batu Bolong No.37, Canggu, Kec. Kuta Utara, Kabupaten Badung, Bali 🚶 에코 비치에서 차로 약 5분
🕐 09:00~19:00 ✖️ 연중무휴 💰 페이셜 엘릭시어(Facial Elixir) 530,000Rp, 필로 미스트(Pillow Mist) 85,000Rp 📷 ishanaturals

Shopping 06

비지에스 BGS 짱구점Canggu

힙스터의 놀이터

커스텀 서프보드부터 의류, 액세서리 등을 취급하는 서프 숍 겸 카페. 물건의 종류가 다양하지 않고 카페 공간은 협소하지만, "짱구에서 힙스터를 만나고 싶다면 비지에스 짱구로 가라"는 말이 있을 정도. 아몬드 우유를 넣은 '아이스 아몬드 라테'는 이곳에서 맛봐야 할 메뉴다. 울루와뚜에도 지점이 있다.

📍Jl. Munduk Catu No.1, Canggu, Kec. Kuta Utara, Kabupaten Badung, Bali 80361 🚶 에코 비치에서 도보 약 11분 🕐 06:30~22:00 ❌ 연중무휴
🏷티셔츠 290,000Rp~, 아이스 아몬드 라테(Iced Almond Latte) 55,000~65,000Rp(테이크아웃 시 컵 비용 5,000Rp 추가) ✈ www.bgsbali.com
📷 bgsbali

Shopping 07

디바인 가데스 Divine Goddess 짱구점 Canggu

편안한 요가복을 찾는다면 이곳으로

요가는 바닥에 누워 몸을 비틀고 일어서서 다양한 자세로 움직이는 동작이 많기 때문에 요가인들은 입었을 때 편안한 요가복을 선호한다. 디바인 가데스는 호주의 요가복 브랜드로, 이곳의 요가복은 천연 소재를 사용해 부드럽고 가벼울 뿐 아니라 신축성과 통기성도 훌륭하다. 스미냑과 브라와에도 지점이 있다.

📍Jl. Batu Mejan Canggu, Canggu, Kec. Kuta Utara, Kabupaten Badung, Bali 80351 🚶 에코 비치에서 도보 약 11분
🕐 09:00~21:00 ❌ 연중무휴 🏷상의 515,000Rp~, 하의 620,000Rp~ ✈ www.divinegoddess.net
📷 divinegoddessyoga

Shopping 08

선샤인 앤 미 Sunshine & Me

지갑이 열리는 홈메이드 소품 천국

로컬 장인이 만든 보헤미안 스타일의 수공예품, 홈데코 용품을 판매한다. 소담한 공간에 도자기 그릇부터 나무 도마, 라탄 바구니, 나무 빨대, 티코스터 등 구매욕을 자극하는 제품이 넘쳐난다. 발리 현지의 질 좋은 식료품을 합리적인 가격으로 취급하는 짱구 숍(Canggu Shop)과 내부에서 연결된다.

📍Jl. Pantai Butu Bolong No.23A, Canggu, Kec. Kuta Utara, Kabupaten Badung, Bali 80361 🚶 에코 비치에서 차로 약 7분 🕐 08:00~19:00 ❌ 연중무휴
🏷나무 빨대 15,000Rp, 티코스터 40,000Rp 📷 sunshine.and.me.bali
G 짱구 숍(Canggu Shop)으로 검색

Shopping 09

러브 앵커 짱구 Love Anchor Canggu

다양한 물건 보는 재미

아담한 상점이 모여 있는 마켓으로 티셔츠부터 수영
복, 액세서리, 가방, 수공예품까지 여행자들이 원하는
아이템을 판매한다. 우붓 시장에 비해 물건은 다채로
우나 가격이 세 배 정도 비싸니 흥정은 필수다.

📍 Jl. Pantai Batu Bolong No.56, Canggu, Kec. Kuta Utara,
Kabupaten Badung, Bali 80351 🚶 에코 비치에서 도보로 약
16분 🕐 09:00~22:00 ❌ 연중무휴 🛍 액세서리 150,000Rp~
✈ www.loveanchorcanggu.com 📷 loveanchorcanggu

Shopping 10

트로피스 짱구 Tropis Canggu

품질 좋은 수공예 홈데코 용품 숍

짱구 중심가에서 조금 떨어져 있고 시장과 비교하면
가격이 두 배 정도 비싸지만 품질은 훌륭하다. 대나무
빨대 세트는 부피도 작고 포장도 깔끔해 선물하기 좋다.

📍 Jl. Pantai Batu Mejan No.10A, Canggu, Kec. Kuta Utara,
Kabupaten Badung, Bali 🚶 에코 비치에서 차로 약 8분
🕐 10:00~19:00 ❌ 연중무휴 🛍 라탄 백 115,000Rp~, 나무
그릇 45,000Rp~, 대나무 빨대(10개 세트) 48,000Rp ✈ www.
tropiscanggu.com 📷 tropiscanggu

Shopping 11

엘스 스윔 ELCE Swim 짱구점 Canggu

호주에서 온 세련된 수영복

심플하고 세련된 스타일의 여성 수영복을 선보이는
호주 브랜드. 클래식한 원피스 수영복부터 화려한 패
턴의 비키니, 레이어링하기 좋은 셔츠까지 제품도 다
양하다. 비키니 상의와 하의가 각각 8만 원 정도.

📍 Jl.Pantai Batu Bolong No.76, Canggu, Kec. Kuta Utara,
Kabupaten Badung, Bali 80351 🚶 에코 비치에서 도보 약 13
분 🕐 09:00~21:00 ❌ 연중무휴 🛍 비키니 상의 750,000Rp~,
비키니 하의 800,000Rp~ ✈ us.elceswim.com 📷 elceswim

Shopping 12

얼라이브 홀푸드 스토어 짱구
Alive Wholefoods Store Canggu

외국인이 즐겨 찾는 고급 식자재 슈퍼마켓

오가닉 과일과 채소뿐 아니라 평범한 마트에는 없는
소스, 페스토 등의 홈메이드 제품과 아몬드 밀크, 비
건 치즈 등 비건을 위한 식료품, 친환경 소품 등을 갖
췄다. 일반 슈퍼마켓보다는 가격이 비싼 편.

📍 Jl. Canggu Padang Linjong No.12A, Canggu, Kec. Kuta
Utara, Kabupaten Badung, Bali 80351 🚶 에코 비치에서
차로 약 8분 🕐 08:00~21:30 ❌ 연중무휴 🛍 바질 페스토
65,000Rp, 비건 마요 69,000Rp ✈ www.alivewholefoods.
com 📷 alivewholefoodstorebali

Part 06

우리들의
작은 여행

Special
Journeys

기암절벽의 경이로움
울루와뚜 하루 여행

울루와뚜는 더 이상 서핑 고수들만을 위한 장소가 아니다.
기암절벽으로 이루어진 독특한 절경과 아름다운 해변,
힙한 레스토랑과 가게가 여행자들을 반긴다.
울루와뚜의 매력을 물씬 느끼게 해줄 스폿들을 소개한다.

1 Day Course »p.234

08:30	아침 요가
10:00	해변 산책
11:30	브런치
13:00	쇼핑
16:00	사원 관광
18:00	공연 관람
19:30	저녁 식사

Uluwatu

Access

울루와뚜 교통

응우라라이 국제공항에서 울루와뚜로

공항 택시
공항 1층 입국장 출구에 있는 택시 스탠드에서 행선지를 말한 뒤 택시를 배정받는다.
· **공항-울루와뚜** 약 30~50분, 195,000~250,000Rp

차량 공유 플랫폼
고젝과 그랩 애플리케이션으로 차량을 호출한다. 공항세 및 톨비 등을 지불해야 하며, 새벽 도착 시 할증료가 붙기도 한다.
· **공항-울루와뚜** 약 30~50분

픽업 서비스 차량
클룩 또는 마이리얼트립 등을 통해 예약할 수 있다. 공항 1층 입국장 출구 미팅 포인트에서 드라이버를 만나면 된다.
· **공항-울루와뚜** 약 30~50분, 168,950Rp(요금 상시 변동)

숙소 차량
미리 숙소에 픽업 서비스를 신청하면 숙소 차량으로 공항에서 호텔/리조트까지 픽업해준다.
· 숙소마다 가격 상이

울루와뚜에서 주변 지역으로

택시
미리 요금과 소요 시간 등을 확인할 수 있는 고젝, 그랩 또는 블루버드 애플리케이션으로 차량을 호출해 이용하는 경우가 많다. 서비스는 별반 다르지 않지만 가격은 10,000~50,000Rp 정도 차이가 난다.
· **울루와뚜-우붓** 약 1시간 15분~2시간 · **울루와뚜-꾸따** 약 35분~1시간 · **울루와뚜-스미냑** 약 40분~1시간 10분
· **울루와뚜-짱구** 약 1시간~1시간 50분 · **울루와뚜-사누르** 약 50분~1시간 20분 · **울루와뚜-누사두아** 약 35~50분

바이크
일종의 오토바이 택시인 고젝 바이크와 그랩 바이크는 저렴하고 빠른 이동이 가능하다. 다만 짐이 있을 경우 이용이 어렵고 장거리는 위험할 수 있다.

울루와뚜 내 이동하기

도보
도보로 10분 내외의 거리는 걸어서 충분히 다닐 수 있다. 하지만 대부분의 도로가 폭이 좁고 노후된 노면이며 인도가 없는 곳도 많아 불편하다. 항상 차와 오토바이를 조심할 것.

바이크/택시
도로 대부분이 일차선 또는 이차선으로, 교통 체증이 심할 때는 택시보다는 오토바이 택시로 이동하는 것이 합리적이다. 파당파당 비치 근처는 로컬 기사들의 영업 장소라 고젝이나 그랩 바이크 애플리케이션에서 픽업이 잡혔더라도 바이크 기사가 만날 장소를 따로 정하는 경우도 있다.

울루와뚜 숙소

보통 당일치기로 여행하곤 하는 울루와뚜는 장기 체류하는 서퍼들이나 고급 리조트를 이용하는 여행자들이 많이 묵는다. 서퍼들은 울루와뚜 대표 해변 주위에 숙소를 잡아 생활하고, 리조트나 빌라를 찾는 사람들은 주로 울루와뚜 남쪽 웅가산(Ungasan) 지역을 선택한다.

Area 01. 파당파당 비치 & 술루반 비치 주변

파당파당 비치(Padang Padang Beach)와 술루반(Suluban Beach) 비치 주변에는 대형 리조트보다 아담한 규모의 숙소가 많다. 가격은 타 지역에 비해 비싼 편이다.

Pick 추천 숙소
· **아난타라 울루와뚜** Anantara Uluwatu ★★★★★ 40만~70만 원대
· **래디슨 블루 발리 울루와뚜** Radisson Blue Bali Uluwatu ★★★★★ 30만~40만 원대
· **수아르가 파당파당** Suarga Padang Padang ★★★★ 30만~40만 원대
· **울루와뚜 코티지** Uluwatu Cottage ★★★ 10만 원대 후반
· **핑크코코 울루와뚜** Pinkcoco Uluwatu ★★★ 10만 원대 중후반
· **데스파치토 로프트 바이 부킷 비스타** Despacito Loft by Bukit Vista ★★★ 10만 원대 초중반
· **더 마닉 토야** The Manik Toya ★★★ 10만 원대 초반
· **파당파당 인** Padang Padang Inn ★★★ 10만 원대 초반
· **룰라바이 방갈로** Lullaby Bungalows ★★★ 10만 원대 초반

Area 02. 울루와뚜 남부

신혼부부에게 인기가 많은 지역으로 아름다운 전망의 최고급 리조트와 빌라가 자리한다. 숙소에서 온전히 쉬고 싶은 사람에게 추천한다.

Pick 추천 숙소
· **불가리 리조트 발리** Bulgari Resort Bali ★★★★★ 230만 원대
· **디 엣지** The Edge ★★★★★ 160만~200만 원대
· **알릴라 빌라 울루와뚜** Alila Villas Uluwatu ★★★★★ 140만~160만 원대
· **식스 센스 울루와뚜** Six Senses Uluwatu ★★★★★ 100만~110만 원대
· **주마나 발리 웅가산 리조트** Jumana Bali Ungasan Resort ★★★★★ 70만 원대

Map

울루와뚜 여행 & 스폿 지도

◉ Sightseeing
✳ Experience
✖ Food & Drink
🛍 Shopping

⬤ Accommodation

0   200m

Area 01.
파당파당 비치 &
술루반 비치 주변

F03
싱글 핀 발리
Single Fin Bali
✖

⬤ 울루와뚜 코티지

⬤ 더 마닉 토야

F05
울루 가든
Ulu Garden
✖

SS02 ◉
술루반 비치
Suluban Beach

🛍 **S02**
더 파인드 발리
The Find Bali

🛍 **S03**
밈피 마니스
Mimpi Mannis

✖ **F03**
수카 에스프레소
Suka Espresso

Indian Ocean
인도양

SS03
울루와뚜 사원
Uluwatu Temple ◉

✳ **E03**
케착 울루와뚜
Kecak Uluwatu

Uluwatu
울루와뚜

① 우붓
짱구
④ 스미냑
꾸따
③
② ⑥ 사누르
⑤
⑦ 누사두아

· 발리 구획도 ·

N
W   E
S

빈긴 비치
Bingin Beach

응우라라이 국제공항　꾸따, 스미냑, 짱구, 사누르

SS01
파당파당 비치
Padang Padang Beach

아난타라 울루와뚜

래디슨 블루 발리 울루와뚜

수아르가 파당파당

F02
더 플레이스 위드 노 네임
The Place With No Name

파당파당 인

E01
더 스페이스 발리
The Space Bali

F01
구즈베리 레스토랑
Gooseberry Restaurant

핑크코코 울루와뚜

룰라바이 방갈로

E02
라 트리뷰 발리
La Tribu Bali

데스파치토 로프트 바이 부킷 비스타

S01
드리프터 서프 숍
Drifter Surf Shop

누사두아 ⟶

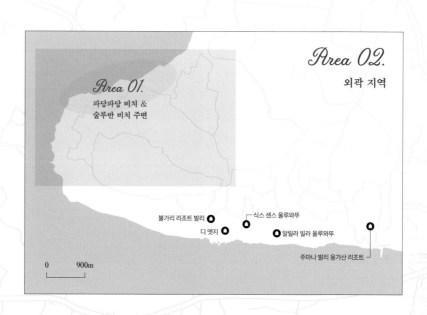

Area 02.
외곽 지역

Area 01.
파당파당 비치 &
술루반 비치 주변

불가리 리조트 발리

식스 센스 울루와뚜

디 엣지

알릴라 빌라 울루와뚜

주마나 발리 웅가산 리조트

0　900m

더 스페이스 발리 The Space Bali

요가원과 코워킹 스페이스가 한 곳에

흰 기둥에 돔 모양의 대나무 천장을 얹은 귀여운 2층 건물을 찾아가자. 건물 1층에는 인 요가에 필요한 편안한 요가복을 판매하는 인사이드 요가 스토어(Inside Yoga Store), 2층에는 목적지인 요가원 더 스페이스 발리가 자리한다. 이곳에선 아침부터 저녁까지 빈야사, 하타 요가, 쿤달리니 요가 등 다채로운 스타일의 요가 수업이 열린다. 공간은 아담하지만 자유로운 분위기의 코워킹 스페이스도 함께 운영 중이다.

📍 Jl. Pantai Bingin No.3, Pecatu, Kec. Kuta Sel., Kabupaten Badung, Bali 80361 🚶 파당파당 비치에서 차로 약 7분 🕐 07:00~23:00 ✕ 연중무휴 💰 1회 150,000Rp, 10회(30일 기한) 1,100,000Rp, 20회(90일 기한) 2,200,000Rp, 1개월 무제한 2,800,000Rp/ 카드 결제 시 수수료 추가 ✈ www.thespacebali.org 📷 thespacebali.bingin

---

라 트리뷰 발리 La Tribu Bali

요가인이 아니어도 즐길 수 있는 수업들

빈야사, 인 요가 등 대중적인 요가 클래스부터 서핑을 위한 요가 수업과 댄스, 명상 등 다양한 수업을 진행하는 요가원이다. 거울을 보며 몸의 움직임을 관찰하면서 요가를 할 수 있는 공간과 거울 없이 오로지 몸에만 집중하도록 돕는 작은 공간으로 이루어져 있는데, 수업의 난도가 좀 높은 편이라 요가 숙련자들에게 추천한다. 요가원 건너편에는 울루와뚜의 핫 플레이스인 구즈베리 레스토랑이 자리한다.

📍 Jl. Buana Sari Gg. Pirta, Pecatu, Kec. Kuta Sel., Kabupaten Badung, Bali 80361 🚶 파당파당 비치에서 차로 약 10분 🕐 월요일 07:00~19:00, 화~목요일 07:30~19:00, 금요일 07:30~12:30, 토요일 07:30~12:00, 일요일 07:00~12:00 ✕ 연중무휴 💰 1회 200,000Rp, 5회(2개월 기한) 650,000Rp, 30일 무제한 2,500,000Rp/ 카드 결제 시 수수료 추가 ✈ www.latribubali.com 📷 latribubali

10:00
해변 산책

파당파당 비치 Padang Padang Beach
영화 〈먹고 기도하고 사랑하라〉의 바로 그곳

최상급 서퍼들과 서양인들에게 인기 있는 해변으로, 원래 이름은 판타이 라부안 세이트(Pantai Labuan Sait)이다. '굳이 입장료를 내면서까지 이곳에 가야 할 필요가 있을까'라고 생각할지도 모르겠지만, 가파른 계단을 따라 내려가 마주한 기암절벽과 바다의 모습은 탄성이 절로 날 정도로 아름답다. 이곳에 온 이상 따사로운 햇살 아래서 물놀이를 하거나 해변을 따라 산책을 즐겨볼 것을 강력히 추천한다.

📍 Jl. Pantai Padang-Padang, Pecatu, Kec. Kuta Sel.. Kabupaten Badung, Bali 80361 🚶 울루와뚜 사원에서 차로 약 10분
🕐 07:00~19:00 ✖ 연중무휴 💰 어른 15,000Rp, 어린이 10,000Rp(현금 결제만 가능, 입장 티켓 구매 시 당일 자유롭게 출입 가능) Ⓖ Pantai Labuan Sait Bali

Another Choice

술루반 비치 Suluban Beach
바다 구경도 하고 유명 레스토랑도 즐기고

'블루 포인트 비치(Blue Point Beach)'로 더 잘 알려진 술루반 비치는 해안 절벽과 청정한 바다가 끝없이 펼쳐지는 풍경으로 유명하다. 울루와뚜 최고의 인기 레스토랑, 싱글 핀 발리 »p.236에서 비탈길을 따라서 10분 정도 내려가면 기이한 절벽으로 둘러싸인 아담하고 아름다운 해변이 나타난다. 조류가 센 편이라 해수욕을 하기에는 적합하지 않지만 '뷰 맛집'으로 통하는 카페와 레스토랑이 곳곳에 자리해 느긋한 시간을 보내기 좋다.

📍 Jl. Pantai Sultan, Pecatu, Kec. Kuta Sel., Kabupaten Badung, Bali 80361 🚶 파당파당 비치에서 차로 약 8분 🕐 24시간
✖ 연중무휴 💰 입장료 없음. 바이크 통행료 5,000Rp, 자동차 통행료 10,000Rp

| 11:30 브런치 | **구즈베리 레스토랑** Gooseberry Restaurant | Food & Drink 01 |

구즈베리 레스토랑 Gooseberry Restaurant
SNS 핫플레이스

파당파당 비치와 빈긴 비치 사이 좁은 골목에 있는데도 불구하고 지금처럼 큰 인기를 끌게 된 데는 SNS용 사진을 찍기 좋은 야외 수영장의 공이 크다. 더하여 음식 맛까지 좋으니 일부러라도 찾아갈 수밖에 없다. 부드러운 크림소스에 트러플 오일을 더한 뇨키 타르투포를 추천한다.

📍 Gg. Pirta, Pecatu, Kec. Kuta Sel., Kabupaten Badung, Bali 80361 🚶 파당파당 비치에서 차로 약 10분 🕐 08:00~22:30 ❌ 연중무휴 🍴 뇨키 타르투포(Gnocchi Tartufo) 135,000Rp/ 택스 & 서비스 차지 17% 별도 ✈ www.gooseberry-restaurant.com 📷 gooseberry_restaurant

---

Another Choice | **더 플레이스 위드 노 네임** The Place With No Name | Food & Drink 02

발리 스타일의 분위기 맛집

감성적인 인테리어가 눈에 띄는 레스토랑. 테이블에 비치된 QR 코드를 스캔해 메뉴를 확인하고 주문하는 시스템으로, 에그 베네딕트, 스무디 볼 등의 아침 메뉴부터 스테이크, 비건 음식까지 준비되어 있다. 카드 결제만 가능.

📍 Jl. Labuansait, Pecatu, Kec. Kuta Sel., Kabupaten Badung, Bali 80361 🚶 파당파당 비치에서 도보 약 5분 🕐 월~금요일 08:00~01:00, 토~일요일 08:00~02:00(라이브 공연 매일 저녁 19:30~22:30) ❌ 연중무휴 🍴 아침 식사 49,000~119,000Rp/ 택스 & 서비스 차지 17% 별도 ✈ www.theplacewithnonameinbali.com 📷 theplacewithnonameinbali

---

Another Choice | **싱글 핀 발리** Single Fin Bali | Food & Drink 03

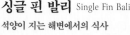

석양이 지는 해변에서의 식사

술루반 비치 초입에 자리한 레스토랑 겸 바. 해안 절벽과 서퍼들을 볼 수 있는 야외 자리가 인기다. 유명세에 비해 음식과 음료 맛은 평이한 편. 일몰을 보기 위해서는 오후 4시 이전에 방문하는 것이 좋다.

📍 Jl. Labuansait, Pecatu, Kec. Kuta Sel., Kabupaten Badung, Bali 80361 🚶 파당파당 비치에서 차로 약 8분, 술루반 비치에 위치 🕐 월·화요일·목~토요일 08:00~22:00, 수·일요일 08:00~02:00 ❌ 연중무휴 🍴 타코 75,000~80,000Rp ✈ www.singlefinbali.com(홈페이지에서 예약 가능) 📞 +62 859-5895-1520 📷 singlefinbali

13:00 쇼핑

드리프터 서프 숍 Drifter Surf Shop 울루와뚜점 Uluwatu

서퍼들의 인기 아지트

데우스 엑스 마키나 »p.222와 함께 발리에서 가장 인기 있는 서핑 브랜드. 자체 제작한 서프 보드부터 수영복, 티셔츠, 모자, 서핑 액세서리 등 서핑과 관련한 모든 것을 판매한다. 파타고니아 같은 유명 브랜드의 제품도 셀렉해서 선보이며, 건강한 한 끼를 즐길 수 있는 카페도 함께 운영한다. 스미냑에도 매장이 있다.

♥ Jl. Labuansait No.52, Pecatu, Kec. Kuta Sel., Kabupaten Badung, Bali 80361 ★ 파당파당 비치에서 도보 약 15분, 차로 약 5분 ● 07:00~22:00 ❸ 연중무휴 ◢ 티셔츠 457,000Rp, 모자 295,000Rp~ ◢ www.driftersurf.com ◎ driftersurfshop

---

Another Choice

더 파인드 발리 The Find Bali

울루와뚜 쇼핑은 이곳에서

의류, 액세서리, 모자, 향수 등 센스 넘치는 셀렉션과 디스플레이가 돋보이는 라이프스타일 편집 숍. 가격대는 다소 높은 편이지만 상대적으로 부담 없이 살 수 있는 인테리어 소품, 에션셜 오일 등도 있다. 단, 최소 결제 금액이 100,000Rp 이상일 경우에만 카드 결제가 가능하다.

♥ Jl. Mamo, Pecatu, Kec. Kuta Sel., Kabupaten Badung, Bali 80361 ★ 파당파당 비치에서 차로 약 8분 ● 월~목요일 12:00~19:00, 금~일요일 11:00~19:00 ❸ 연중무휴 ◢ 옷 550,000Rp~, 에센셜 오일 54,000Rp~, 향수 390,000Rp~ ◢ www.thefindbali.com ◎ thefindbali

---

Another Choice

밈피 마니스 Mimpi Mannis 울루와뚜점 Uluwatu

엄마와 딸의 커플룩으로 딱

여성 의류는 물론 소품도 많아 눈이 즐거운 숍. 화려한 패턴의 원피스부터 심플한 디자인의 티셔츠와 바지까지 다양한 아이템이 눈길을 사로잡는다. 여자아이들을 위한 귀엽고 사랑스러운 옷도 선보인다. 브라와, 우붓에도 매장이 있다.

♥ Jl. Labuansait No.315, Pecatu, Kec. Kuta Sel, Kabupaten Badung, Bali 80361 ★ 파당파당 비치에서 차로 약 6분 ● 09:00~21:00 ❸ 연중무휴 ◢ 원피스 590,000Rp~, 티셔츠 150,000Rp~, 아동복 190,000RP~ ◢ www.mimpimannis.com ◎ mimpimannis

16:00
사원 관광

울루와뚜 사원 Uluwatu Temple

울루와뚜 랜드마크 No.1

발리의 남서쪽에 위치한 힌두 사원으로 70m 높이 해안 절벽에 세워졌다. 여느 힌두 사원과 마찬가지로 길이가 짧은 옷을 입고 입장할 수 없지만, 입구에서 무료로 대여해주는 사롱을 허리춤에 두르면 된다. 사원 안으로는 들어갈 수 없고 사원 주변을 구경한 후 절벽을 따라 걸으면서 바다를 감상하면 된다. 특히 해 질 녘 황금빛으로 물든 낙조가 가히 장관이다. 단, 꽤 포악하기로 소문난 원숭이들이 선글라스, 모자, 가방 등을 뺏어가니 소지품 관리에 각별히 신경 쓸 것. 또한 돌아갈 때의 교통편은 반드시 예약해두는 것이 좋다.

♥ Jl. Raya Uluwatu, Pecatu, Kec. Kuta Sel., Kabupaten Badung, Bali 80361 ﹟ 파당파당 비치에서 차로 약 10분 ⏰ 07:00~19:00
⊗ 연중무휴 ♦ 어른 50,000Rp, 어린이(3~10세) 30,000Rp

18:00
공연 관람

케착 울루와뚜 Kecak Uluwatu

울루와뚜 사원에선 케착 댄스 감상

힌두 신화인 라마야나 이야기를 70여 명으로 이루어진 남성들의 합창과 군무로 표현한 공연이다. 아궁라이 뮤지엄, 우붓 왕궁 등 발리 곳곳에서 케착 댄스를 감상할 수 있지만, 울루와뚜 사원 안에서 붉게 물든 석양을 배경으로 보는 공연은 특별하다. 오후 6시 공연의 경우 30분 전부터 빈자리 없이 가득 차니 미리 자리를 잡아두길 권한다. 공연은 45~50분간 진행되며, 공연이 끝나면 배우들과 기념 촬영도 가능하다.

♥ Jl. Raya Uluwatu, Pecatu, Kec. Kuta Sel., Kabupaten Badung, Bali 80361 ﹟ 파당파당 비치에서 차로 약 10분, 울루와뚜 사원 내 공연장 ⏰ 18:00, 19:00 ⊗ 연중무휴 ♦ 어른 150,000Rp. 어린이 75,000Rp/ 입장권은 사원 안 부스에서 구매 가능.
↗ www.uluwatukecakdance.com

(19:30)
저녁 식사

수카 에스프레소 Suka Espresso 울루와뚜점 Uluwatu

아이스 롱 블랙 한 잔에 피로가 싹

2016년 울루와뚜의 작은 와룽에서 시작해 현재는 우붓과 브라와까지 지점을 확대한 카페 겸 레스토랑. 커피부터 식사까지 호주 스타일의 메뉴가 주를 이루는 이곳에는 늘 사람이 끊이지 않는데, 그것은 바로 직접 로스팅한 원두로 내린 커피 때문. 무겁지 않고 산미가 은은하게 퍼지는 아이스 롱 블랙 한 잔이면 더위와 피로가 싹 가신다. 샌드위치, 버거, 피자 등의 음식도 두루 갖추고 있어 메뉴 고르는 재미도 쏠쏠하다.

📍 Jl. Labuansait No.10, Pecatu, Kec. Kuta Sel., Kabupaten Badung, Bali 80361 🚶 파당파당 비치에서 차로 약 5분
🕐 07:30~22:00 ❌ 연중무휴 🍴 아이스 롱 블랙(Iced Long Black) 30,000Rp, 스모크 햄 & 치즈 샌드위치(Smoked Ham & Cheese Sandwich) 68,000Rp/ 택스 & 서비스 차지 16% 별도 ✈ www.sukaespresso.com 📷 sukaespresso

---

Another Choice

울루 가든 Ulu Garden

눈과 귀가 즐거운 레스토랑

외관만 보고서는 내부를 예측할 수 없는 곳이 있는데, 울루 가든이 바로 그러하다. 아기자기한 소품을 판매하는 숍을 지나 레스토랑으로 들어서면 싱그러운 나무가 가득한 탁 트인 공간이 나오는데, 이게 끝이 아니다. 계단을 따라 내려가면 또 다른 식사 공간이 등장하고, 이곳의 무대에선 매일 저녁 라이브 공연이 열린다. 다양한 식사류 중에선 신선한 재료를 사용한 울루 소바 보울, 흰 밥에 달콤한 데리야키 소스로 맛을 낸 치킨과 양배추, 양파, 고수 등을 곁들인 데리야키 치킨 보울을 추천한다.

📍 Jl. Pantai Padang-Padang, Pecatu, Kec. Kuta Sel., Kabupaten Badung, Bali 80361 🚶 파당파당 비치에서 차로 약 5분 🕐 일~목요일 07:00~22:00, 금~토요일 07:00~24:00 🍴 울루 소바 보울(Ulu Soba Bowl) 95,000Rp, 데리야키 치킨 보울(Teriyaki Chicken Bowl) 90,000Rp/ 택스 & 서비스 차지 16% 별도 ✈ www.ulutribe.com/ulu-garden 📷 ulu.garden

느긋이 여행하는 자유
사누르 하루 여행

이국적이면서도 한적한 데다 물가도 저렴해 한 달 살기의 거점지로
주목받는 사누르. 또한 누사 렘봉안, 누사 페니다까지 갈 수 있는
선착장이 있어 인근 섬을 방문하는 여행자라면
거쳐가야 하는 곳이기도 하다.
여유로움이 가득한 사누르 당일 코스를 소개한다.

1 Day Course »p.246

08:30	아침 요가
10:00	아침 식사
12:00	쇼핑
13:00	점심 식사
14:00	바다 산책 & 자전거 타기
18:00	저녁 식사

Sanur

사누르 교통

응우라라이 국제공항에서 사누르로

공항 택시
공항 1층 입국장 출구에 있는 택시
스탠드에서 택시를 배정받는다.
· **공항-사누르** 약 30분, 175,000~200,000Rp
· 유료 도로 이용 시 통행료 지불

차량 공유 플랫폼
고젝과 그랩 애플리케이션으로 차량을
호출한다. 공항세 및 톨비 등을 지불해야
하며, 새벽 도착 시 할증료가 붙기도 한다.
· **공항-사누르** 약 30분

픽업 서비스 차량
클룩 또는 마이리얼트립 등을 통해
예약할 수 있다.
· **공항-사누르** 약 30분, 168,950Rp(요금 상시 변동)

숙소 차량
미리 숙소에 픽업 서비스를 신청하면
공항에서 픽업해준다.
· 숙소마다 가격 상이

사누르에서 주변 지역으로

택시
고젝, 그랩 또는 블루버드
애플리케이션으로 차량을 호출해
이용하는 경우가 많다.
· **사누르-우붓** 약 40분~1시간 10분
· **사누르-꾸따** 약 25~30분
· **사누르-스미냑** 약 30~55분
· **사누르-짱구** 약 45분~1시간 20분
· **사누르-울루와뚜** 약 45분~1시간 10분
· **사누르-누사두아** 약 30~40분

바이크
고젝 바이크 또는 그랩 바이크는
저렴하고 빠른 이동이 가능하지만
장거리는 위험할 수 있다.

버스
① **쿠라쿠라 버스**
공공 셔틀버스로, 하루에 한 대 운행 중이다.
· **사누르-우붓** 100,000Rp(짐 추가 시 20,000Rp)
· **사누르-꾸따** 100,000Rp(짐 추가 시 20,000Rp)

② **쁘라마 버스**
쁘라마 여행사에서 운영하는 셔틀버스.
· **사누르-우붓** 80,000Rp
· **사누르-꾸따** 50,000Rp

③ **뜨만 버스**
발리 정부에서 운영하는 대중교통.
· **사누르-우붓** 8,800Rp(1회 환승)
· **사누르-꾸따** 4,400Rp

사누르 내 이동하기

도보
도보로 10분 내외의 거리는 걸어서
충분히 다닐 수 있다. 항상 차와
오토바이를 조심할 것.

바이크/택시
도로 대부분이 일차선 또는 이차선으로,
교통 체증이 심할 때는 오토바이 택시가
합리적이다.

Accomodation

사누르 숙소

한 달 살기의 거점으로 부상 중인 사누르는 숙소 가격이 합리적이어서 상대적으로 장기 체류의 부담이 적다. 반면 유명 체인 호텔들도 자리해 가족 여행자들이 머물기에도 좋다.

Area 01. 잘란 다나우 탐블링안 근처

사누르 번화가 잘란 다나우 탐블링안(Jl. Danau Tamblingan) 주변에는 10만 원의 이하의 가성비 좋은 숙소들과 유명 고급 리조트가 자리해 장기 체류자와 가족 여행자에게 인기 있다. 사누르 비치와의 접근성도 좋고 주변에 맛집도 많다.

Pick 추천 숙소
- **안다즈 발리** Andaz Bali ★★★★★ 30만~40만 원대
- **하얏트 리젠시 발리** Hyatt Regency Bali ★★★★★ 20만 원대 후반
- **마야 사누르 리조트 앤 스파** Maya Sanur Resort & Spa ★★★★★ 20만 원대
- **메종 아우렐리아 사누르, 발리** Maison Aurelia Sanur, Bali ★★★★ 10만 원대 초반
- **아카야 발리** Akaya Bali ★★★★ 8만~10만 원
- **스위스 벨리조트 와투 짐바르** Swiss-Belresort Watu Jimbar ★★★★ 7만~9만 원
- **101 발리 오아시스 사누르** The 101 Bali Oasis Sanur ★★★★ 5만~7만 원

Area 02. 사누르 남쪽 해변 근처

바다 전망의 객실은 기본, 객실에서 바로 바다로 나갈 수 있는 곳도 있다.

Pick 추천 숙소
- **인터컨티넨탈 발리 사누르 리조트** InterContinental Bali Sanur Resort ★★★★★ 30만 원대 초반
- **푸리 산트리안** Puri Santrian ★★★★ 20만 원대
- **프라마 사누르 비치 발리** Prama Sanur Beach Bali ★★★★ 10만 원대 초반
- **머큐어 리조트 사누르** Mercure Resort Sanur ★★★★ 10만 원대 초반
- **홀리데이 인 발리 사누르** Holiday Inn Bali Sanur ★★★★ 10만 원대 초반

Map

사누르 여행 & 스폿 지도

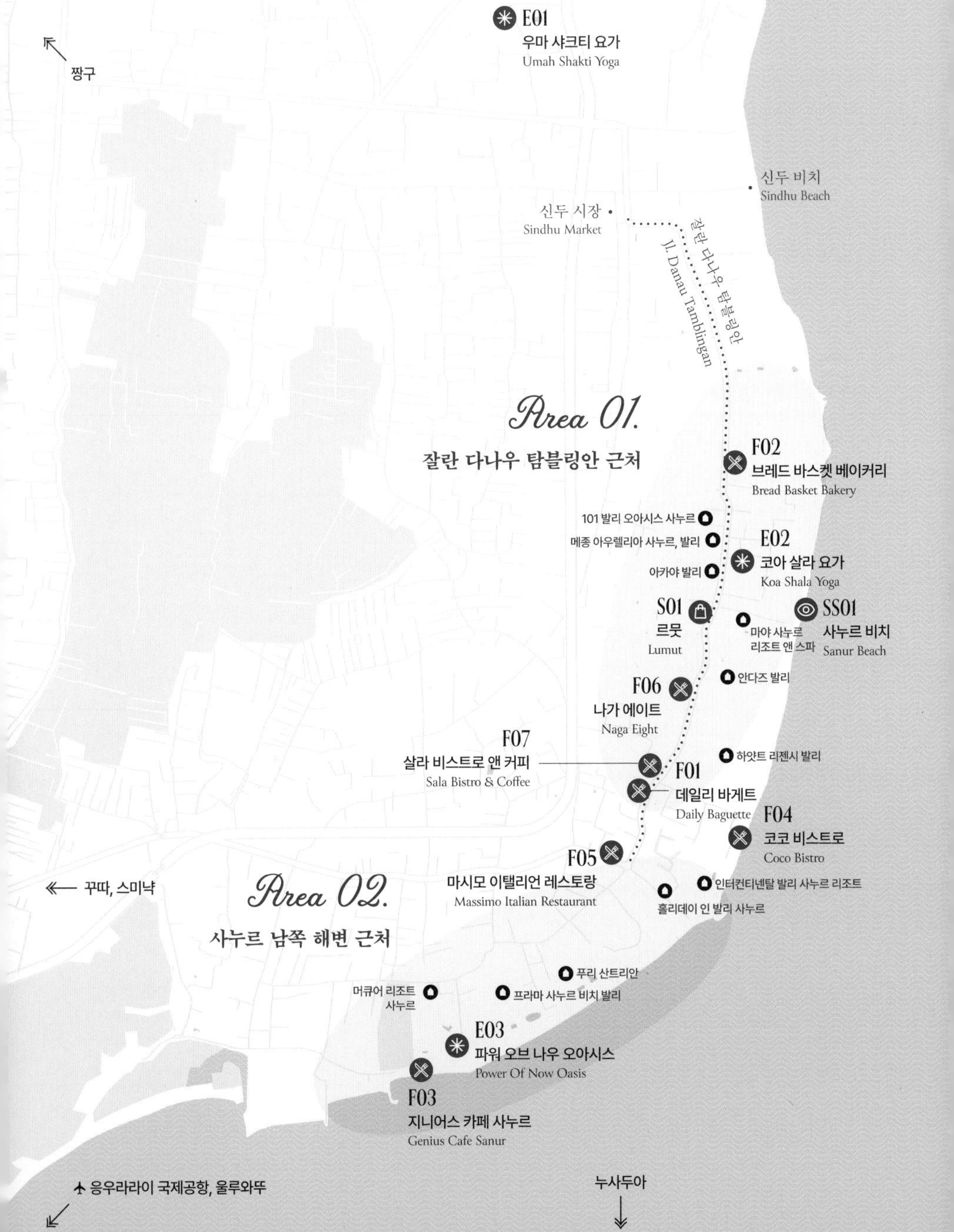

짱구

신두 비치
Sindhu Beach

신두 시장 •
Sindhu Market

잘란 다나우 탐블링안
Jl. Danau Tamblingan

✸ E01
우마 샤크티 요가
Umah Shakti Yoga

Area 01.
잘란 다나우 탐블링안 근처

🍴 F02
브레드 바스켓 베이커리
Bread Basket Bakery

101 발리 오아시스 사누르 ◉
메종 아우렐리아 사누르, 발리 ◉
아카야 발리 ◉

✸ E02
코아 살라 요가
Koa Shala Yoga

🔒 S01
르뭇
Lumut

마야 사누르 ◉
리조트 앤 스파

👁 SS01
사누르 비치
Sanur Beach

안다즈 발리 ◉

🍴 F06
나가 에이트
Naga Eight

F07
살라 비스트로 앤 커피
Sala Bistro & Coffee

🍴 F01
데일리 바게트
Daily Baguette

하얏트 리젠시 발리 ◉

F04
🍴 코코 비스트로
Coco Bistro

꾸따, 스미냑 ⟵

Area 02.
사누르 남쪽 해변 근처

🍴 F05
마시모 이탤리언 레스토랑
Massimo Italian Restaurant

인터컨티넨탈 발리 사누르 리조트 ◉
홀리데이 인 발리 사누르 ⌂

푸리 산트리안 ◉
프라마 사누르 비치 발리 ◉

머큐어 리조트 ⌂
사누르

✸ E03
파워 오브 나우 오아시스
Power Of Now Oasis

🍴 F03
지니어스 카페 사누르
Genius Cafe Sanur

✈ 응우라라이 국제공항, 울루와뚜

누사두아

244

- ◉ Sightseeing
- ✳ Experience
- ✖ Food & Drink
- 🛍 Shopping
- ⬤ Accommodation

0 ———— 250m

Indian Ocean

인도양

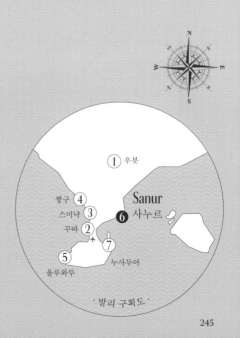

① 우붓

짱구 ④
스미냑 ③
꾸따 ②

Sanur
사누르 ⑥

⑤
울루와뚜

⑦
누사두아

· 발리 구획도 ·

우마 샤크티 요가 Umah Shakti Yoga
저렴한 가격과 몰입도 높은 수업

'가족이 모여 서로를 돌볼 수 있는 집'을 의미하는 '우마(Umah)'와 '항상 움직이는 에너지'를 뜻하는 요가 철학 '샤크티(Shakti)'를 조합해 요가원 이름을 지었다. 그 이름처럼 요가 수련자의 삶에 변화를 주는 공간을 지향하며, 수강생 대부분이 오랫동안 요가를 수련해온 현지인이다. 사누르 시내에서 다소 떨어져 있고 매일 한두 개의 수업만 진행하지만, 다른 요가원보다 저렴한 가격과 집중도 높고 깊이 있는 수련이 특징이다. 요가를 처음 접하는 사람에게는 비기너 요가(Beginner Yoga), 숙련자에게는 마인드풀 빈야사(Mindful Vinyasa) 클래스를 추천한다.

📍 Jl. Danau Beratan, Gg. XI No.14, Sanur Kaja, Denpasar Sel., Kota Denpasar, Bali 80227 🚶 사누르 비치에서 차로 약 10분 🕐 07:00~19:30 ✖ 연중무휴 💲 1회 75,000Rp, 4회 250,000Rp, 1개월(무제한) 1,500,000Rp/ 현금 결제만 가능 ✈ www.yogaumahshakti.com 📷 umahshakti.yoga

코아 살라 요가 Koa Shala Yoga

번화가 속 고요

Another Choice

Experience 02 ✳

유명 리조트와 식당이 몰려 있는 사누르의 번화가, 잘란 다나우 탐블링안에 자리하지만 공간 자체가 주 는 편안함 덕분에 평화로운 분위기에서 요가를 즐길 수 있는 곳이다. 스파 시설도 갖추고 있어 요가 후 뭉 친 몸을 풀기에 좋다. 대중적으로 알려진 하타 요가, 빈야사 요가, 인 요가 등의 수업 위주로 진행한다.

📍 Jl. Danau Tamblingan 77A, Sanur, Denpasar Sel., Kota Denpasar, Bali 80228 🚶 사누르 비치에서 도보 약 7분, 잘란 다나우 탐블링안에 위치 ⏱ 07:15~18:15 ❌ 연중무휴 💰 1회 120,000Rp, 5회 550,000Rp, 10회 1,000,000Rp ✈ www.koashala.com/yoga 📷 koashala

파워 오브 나우 오아시스 Power of Now Oasis

바다 가까이에 자리한 요가원

Another Choice

Experience 03 ✳

녹음으로 둘러싸인 작은 정원에 자리한 요가원. 사 방이 뚫린 층고 높은 대나무 건물에서 바람소리, 새 소리와 함께 요가를 즐길 수 있다. 매일 오전과 오후, 4개의 수업을 진행하는데 이중 하타 요가를 추천한 다. 운동의 강도는 좀 센 편이지만 참여자 한 명 한 명의 이름을 부르며 자세와 동작을 세밀하게 지도해 준다.

📍 Jl. Retro Beach, Sanur Kauh, Kec. Denpasar Sel., Kota Denpasar, Bali 80224 🚶 사누르 비치에서 차로 약 10분 ⏱ 월~토요일 07:30~18:30, 일요일 07:30~15:30 ❌ 연중무휴 💰 1회 120,000Rp, 5회 550,000Rp, 1개월 무제한 1,800,000Rp/ 카드 결제 시 수수료 추가 ✈ www.powerofnowoasis.com 📷 powerofnowoasis_bali

10:00	**데일리 바게트** Daily Baguette _{사누르점 Sanur}	Food & Drink 01

아침 식사

발리에서 프랑스식 빵이 먹고 싶다면

프랑스식 빵을 판매하는 베이커리 카페로, 가벼운 아침 식사나 간단하게 요기를 하기에 제격이다. 쇼케이스에는 크루아상, 바게트, 애플파이, 팽 오 쇼콜라 등의 빵이 정갈하게 진열되어 있다. 우붓에도 매장이 있다.

📍 Jl. Danau Tamblingan No.188, Sanur, Denpasar Sel., Kota Denpasar, Bali 80226 🚶 사누르 비치에서 도보 약 13분
🕐 06:30~20:30 ❌ 연중무휴 🍴 버터 크루아상(Butter Croissant) 20,000Rp, 팽 오 쇼콜라(Pain au Chocolat) 24,000Rp, 아이스 블랙(Iced Black) 40,000Rp ✈ www.dailybaguette.co.id
📷 daily_baguette

Another Choice	**브레드 바스켓 베이커리** Bread Basket Bakery _{사누르점 Sanur}	Food & Drink 02

입맛대로 주문하는 D.I.Y 샌드위치

이른 시간부터 사람들로 북적이는 유럽식 전통 베이커리 카페. 당일 구운 빵과 올데이 아침 메뉴를 선보이는데, 빵부터 채소, 토핑, 소스까지 취향껏 선택할 수 있는 B.Y.O(Build Your Own) 샌드위치를 추천한다. 짱구와 울루와뚜에도 매장이 있다.

📍 Jl. Dana Tamblingan No.51, Sanur, Denpasar Sel., Kota Denpasar, Bali 80226 🚶 사누르 비치에서 도보 약 10분
🕐 07:00~17:00 ❌ 연중무휴 🍴 B.Y.O 샌드위치 48,000Rp~, 커피류 35,000Rp~/ 택스 & 서비스 차지 10% 별도 ✈ www.breadbasket.trenton-food.com 📷 breadbasket.id

---

12:00	**르뭇** Lumut	Shopping 01

쇼핑

저렴하고 질 좋은 수공예 가방

수공예 가방 및 액세서리 숍. 깔끔한 매장 안에 재생 플라스틱으로 만든 가방이 가득한데, 색상과 크기, 디자인까지 다양해 시간 가는 줄 모르고 구경하게 된다. 가격도 저렴하고 세일 제품도 많아 여행 기념품이나 선물을 사기에도 좋다.

📍 Jl. Danau Tamblingan No.166, Sanur, Denpasar Selatan, Kota Denpasar, Bali 80228 🚶 사누르 비치에서 도보 5분
🕐 09:30~18:00 ❌ 연중무휴 🍴 토트백 60,000Rp~ Ⓖ Lumut Sanur

13:00 **점심 식사**   ## 지니어스 카페 사누르 Genius Cafe Sanur   Food & Drink 03

바다 뷰 레스토랑을 찾고 있다면

탁 트인 사누르 해변을 볼 수 있는 빈백 좌석이 인기가 많다. 버거, 피자 등의 서양 음식부터 나시고렝, 타이 커리 등 아시안 요리까지 수많은 선택지가 있지만, 신선한 채소에 상큼한 아몬드 드레싱을 더한 플레이버 아시안 볼은 부담스럽지 않은 포만감을 선사한다.

📍 Jl. Kusuma Sari, Sanur Kauh, Kec. Denpasar Sel., Kota Denpasar, Bali 80228 🚶 사누르 비치에서 차로 약 10분 🕐 07:00~22:00 ✖ 연중무휴 🍴 플레이버 아시안 볼(Flavours of Asia Bowl) 85,000Rp, 프렌치프라이(French Fries) 55,000Rp/ 택스 & 서비스 차지 21% 별도 ✈ www.geniuscafebali.com
📷 geniuscafebali

Another Choice   ## 코코 비스트로 Coco Bistro 사누르점 Sanur   Food & Drink 04

바람이 솔솔, 해변 앞 맥주 한잔

고즈넉한 사누르 비치의 전망을 감상하기 좋은 식당. 인기 메뉴는 피자로, 쫄깃한 도우에 토마토, 바질, 치즈 등을 토핑한 마르게리타가 특히 맛있다. 단, 음식이 늦게 나오는 경우가 많아 인내심이 필요하다. 꾸따와 누사두아에도 지점이 있다.

📍 Banjar Semawang, Jl. Duyung, Sanur, Denpasar Sel, Kota Denpasar, Bali 80228 🚶 사누르 비치에 위치 🕐 07:00~22:00 ✖ 연중무휴 🍴 피자 83,000~119,000Rp, 맥주 47,000~65,000Rp/ 택스 & 서비스 차지 17% 별도 ✈ www.cocobistrobalirestaurant.com/sanur 📷 cocobistro_official
G Coco bistro sanur

Another Choice   ## 마시모 이탤리언 레스토랑 Massimo Italian Restaurant   Food & Drink 05

더위를 날려주는 젤라토

이탤리언 음식을 판매하는 레스토랑이지만 실은 젤라토 맛집으로 더 유명하다. 식당 입구 쪽 쇼케이스에 침샘을 자극하는 젤라토 20여 가지가 준비되어 있는데 초콜릿, 피스타치오, 솔트 캐러멜이 인기가 많다.

📍 Jl. Dana Tamblingan No. 228, Sanur, Denpasar Sel., Kota Denpasar, Bali 80237 🚶 사누르 비치에서 도보 약 16분 🕐 09:00~23:00 ✖ 연중무휴 🍴 젤라토 베이비 컵(Gelato Baby Cup/ 2가지 맛 선택) 20,000Rp, 파스타 85,000~135,000Rp/ 요리는 택스 & 서비스 차지 16% 별도 ✈ www.massimobali.com
📷 massimo_theoriginalsince1996

249

14:00
산책&자전거

사누르 비치 Sanur Beach
고요한 해변에서 찾은 평화

사누르에선 대부분의 해변을 '사누르 비치'라고 통칭한다. 사누르의 해변은 활기찬 분위기의 꾸따 비치나 짱구 비치와 달리 소박한 현지 분위기를 닮아 조용하고, 잔잔한 바다 위에 떠 있는 고깃배의 모습은 평화롭기 그지없다. 파도가 세지 않아 물놀이뿐만 아니라 서핑, 카누 등의 수상 스포츠를 즐기기에도 좋다. 해변 주변으로는 숙소와 레스토랑, 카페, 바 등이 자리하고 산책로와 자전거 도로도 잘 조성되어 있다.

📍 Jl. Cemara, Sanur, Denpasar Sel., Kota Denpasar, Bali 80237 🚶 잘란 다나우 탐블링안에서 도보 약 3분 🕐 24시간 ❌ 연중무휴

Tips 사누르 비치를 다양하게 즐기는 방법
4성급 이상 호텔에서 숙박한다면 호텔에서 자전거를 무료로 빌려준다. 또한 사누르 비치 곳곳에 자전거 대여 숍이 있어 어렵지 않게 빌릴 수 있다. 대여 비용은 1시간 25,000~50,000Rp, 1일(24시간) 50,000~100,000Rp 정도다.
사누르 비치에선 선베드에 누워 시간을 보내거나 카누를 즐길 수도 있다. 선베드 1일 대여비는 50,000Rp부터, 카누 1시간 대여비는 100,000Rp부터다.

18:00 | **나가 에이트** Naga Eight
저녁 식사 | 아름다운 정원에서 맛있는 중식을

Food & Drink 06

"발리까지 와서 왠 중국 음식?"이라고 할 수도 있겠지만 나가 에이트에서라면 말이 달라진다. 나무가 가득한 넓고 아름다운 정원에 자리한 이곳은 광둥 스타일의 중국요리를 비롯한 아시안 음식 전문 레스토랑이다. 베이징덕, 완탕면, 하이난 라이스도 맛있지만, 살짝 매콤한 소스에 부드러운 식감의 두부를 넣어 만든 마파두부를 추천한다. 밥은 함께 나오지 않으니 별도로 주문할 것.

📍 Jl. Danau Tamblingan No.89, Sanur, Denpasar Sel., Kota Denpasar, Bali 80228 🚶 사누르 비치에서 도보 약 9분 🕐 11:00~22:00(마지막 주문 21:00) ❌ 연중무휴 🍴 마파두부(Mapo Tahu Saos Asam Pedas) 98,000Rp/ 택스 & 서비스 차지 15% 별도 ✈ www.nagaeight.com 📷 nagaeight

---

Another Choice | **살라 비스트로 앤 커피** Sala Bistro & Coffee
 | 접근성도 분위기도 최상

Food & Drink 07

사누르의 메인 거리 잘란 다나우 탐블링안에 위치한 살라 비스트로 앤 커피는 이른 아침부터 저녁까지 활짝 열려 있다. 스무디 볼부터 샐러드, 파스타, 스테이크까지 메뉴의 종류도 많고, 맛은 물론 플레이팅까지 세심하게 신경 쓴 태가 난다. 낮에는 따뜻한 햇살을, 밤에는 감성적인 분위기를 즐기기 좋은 1층 야외 좌석과 에어컨이 있는 시원한 2층 자리 어디를 선택해도 만족스럽다.

📍 Jl. Danau Tamblingan No.180, Sanur, Denpasar Selatan, Kota Denpasar, Bali 80222 🚶 사누르 비치에서 도보 약 13분. 잘란 다나우 탐블링안에 위치 🕐 07:30~22:00 ❌ 연중무휴 🍴 시푸드 링귀니(Seafood Linguni) 99,000Rp/ 택스 & 서비스 차지 16% 별도 📷 salabistro

고급 호텔과 리조트의 성지
누사두아 하루 여행

고급 호텔과 리조트가 많기로 유명한 누사두아.
발리에선 드물게 교통 체증이 덜한 곳이기도 하다.
숙소에서 온전히 쉬는 것도 좋지만 하루쯤은 사원과 박물관을
돌아보며 알차게 보내는 것은 어떨까.

1 Day Course »p.258

9:00	아침 식사
10:30	사원 관광
12:00	점심 식사
13:00	카페
14:00	박물관 관광
15:30	해변 산책
16:30	쇼핑
17:00	카페
18:00	저녁 식사

Nusa Dua

누사두아 교통

응우라라이 국제공항에서 누사두아로

공항 택시
공항 1층 입국장 출구에 있는 택시 스탠드에서
행선지를 말한 뒤 택시를 배정받는다.
· **공항-누사두아** 약 20~30분, 175,000~200,000Rp

차량 공유 플랫폼
고젝과 그랩 애플리케이션으로 차량을
호출한다. 공항세 및 톨비 등을 지불해야
하며, 새벽 도착 시 할증료가 붙기도 한다.
· **공항-누사두아** 약 20~30분

픽업 서비스 차량
클룩 또는 마이리얼트립 등을 통해 픽업
서비스를 예약할 수 있다. 공항 1층 입국장
출구 미팅 포인트에서 드라이버를 만난 후
차량을 타고 이동하면 된다.
· **공항-누사두아** 약 20~30분, 133,650Rp(요금 상시 변동)

숙소 차량
미리 숙소에 픽업 서비스를 신청하면
숙소 차량으로 공항에서 호텔/리조트까지
픽업해준다.
· 숙소마다 가격 상이

누사두아에서 주변 지역으로

택시
미리 요금과 소요 시간 등을 확인할 수 있는 고젝, 그랩 또는 블루버드 애플리케이션으로 차량을 호출해
이용하는 경우가 많다. 서비스는 별반 다르지 않지만 가격은 10,000~50,000Rp 정도 차이가 난다.
· **누사두아-우붓** 약 1시간~1시간 40분 · **누사두아-꾸따** 약 20~30분 · **누사두아-스미냑** 약 30~40분
· **누사두아-짱구** 약 50분~1시간 20분 · **누사두아-울루와뚜** 약 35분~1시간 · **누사두아-사누르** 약 30~40분

바이크
일종의 오토바이 택시인 고젝 바이크 또는 그랩 바이크는 저렴하고 빠른 이동이 가능하다.
다만 짐이 있을 경우 이용이 어렵고 장거리는 위험할 수 있다.

누사두아 내 이동하기

도보
도보로 10분 내외의 거리는 걸어서
충분히 다닐 수 있다. 하지만 대부분의
도로가 폭이 좁고 노후된 노면이며
인도가 없는 곳도 많아 불편하다. 항상
차와 오토바이를 조심할 것.

바이크/택시
여행자가 주로 이용하는 교통수단은
바이크, 즉 오토바이 택시다. 도로 대부분이
일차선 혹은 이차선으로, 다른 지역에 비해
교통 체증이 심하지는 않지만 택시보다는
바이크로 이동하는 것이 합리적이다. 다만
늘 안전에 주의할 것.

누사두아 숙소

볼거리가 많지 않은 누사두아에선 대다수의 여행자가 부대시설이 다양한 리조트에서 여유롭게
시간을 보낸다. 위치보다는 호텔이나 리조트의 룸 컨디션과 편의시설 등을 고려해서 숙소를 선택하자.

Area 01. 누사두아 관광 단지

정부에서 조성한 누사두아 관광 단지(Complex Bali Tourism Development Corporation) 내 유명 체인
호텔과 리조트가 있으며 숙소에서 보내는 시간이 지루하지 않을 정도로 다양한 부대시설과 전용
비치를 보유하고 있다. 쇼핑몰 발리 컬렉션(Bali Collection)이 가까이 있다는 것도 장점.

Pick 추천 숙소
· **카유마니스 누사두아 프라이빗 빌라 앤 스파** Kayumanis Nusa Dua Private Villa & Spa ★★★★★ 50만~80만 원대
· **더 라구나, 더 럭셔리 컬렉션 리조트 앤 스파, 누사두아 발리** The Laguna, The Luxury Collection Resort & Spa, Nusa Dua Bali
  ★★★★★ 30만~40만 원대
· **멜리아 발리** Melia Bali ★★★★★ 20만 원대
· **소피텔 발리 누사두아 비치 리조트** Sofitel Bali Nusa Dua Beach Resort ★★★★★ 20만 원대
· **더 웨스틴 리조트 누사두아 발리** The Westin Resort Nusa Dua Bali ★★★★★ 20만 원대
· **누사두아 비치 호텔 앤 스파 발리** Nusa Dua Beach Hotel & Spa Bali ★★★★★ 20만 원대
· **그랜드 하얏트 발리** Grand Hyatt Bali ★★★★★ 10만 원대 후반

Area 02. 그 외 지역

누사두아는 신혼부부 혹은 가족 여행자가 많이 찾는 럭셔리 리조트의 격전지다. 룸 컨디션,
부대시설, 예산 등을 고려해 숙소를 골라보자.

Pick 추천 숙소
· **세인트 레지스 발리 리조트** The St. Regis Bali Resort ★★★★★ 80만~90만 원대
· **더 발레 누사두아 바이 라이프스타일리트리트** The Bale Nusa Dua by LifestyleRetreats ★★★★★ 30만~40만 원대
· **르비보 웰니스 리조트** Revivo Wellness Resort ★★★★★ 30만~40만 원대
· **물리아 리조트 누사두아 발리** Mulia Resort Nusa Dua Bali ★★★★★ 30만 원대
· **르네상스 발리 누사두아 리조트** Renaissance Bali Nusa Dua Resort ★★★★★ 30만 원대
· **메리어트 발리 누사두아 가든** Marriott's Bali Nusa Dua Gardens ★★★★★ 30만 원대

Map

누사두아 여행&스폿 지도

소피텔 발리 누사두아 비치 리조트

✈ 응우라라이 국제공항, 꾸따, 스미냑, 짱구

누사두아 비치 호텔 앤 스파 발리

카유마니스 누사두아 프라이빗 빌라 앤 스파

SS03
누사두아 비치
Nusa Dua Beach

더 웨스틴 리조트 누사두아 발리

F03
누사두아 피자
Nusa Dua Pizza

F04
리헷 카페
Rehat Cafe

더 라구나, 더 럭셔리
컬렉션 리조트 앤 스파,
누사두아 발리

Area 01.
누사두아 관광 단지

F02
라자 발리
Raja Bali

SS02
파시피카 박물관
Museum Pasifika

멜리아 발리

SS01
푸자 만달라
Puja Mandala

S01
발리 컬렉션
Bali Collection

F05
두아 카페
DUA Kafe

그랜드
하얏트 발리

F01
시크릿 카페 누사두아
Secret Cafe Nusa Dua

F06
누사 바이 수카
Nusa By/Suka

르네상스 발리 누사두아 리조트

메리어트 발리 누사두아 가든

Area 02.
그 외 지역

르비보 웰니스 리조트

세인트 레지스 발리 리조트

더 발레 누사두아 바이 라이프스타일리트리트

몰리아 리조트 누사두아 발리

울루와뚜

사누르

◎ Sightseeing
✳ Experience
✖ Food & Drink
🛍 Shopping
⬠ Accommodation

0   200m

푸라 누사 다르마 누사두아
Pura Nusa Dharma Nusa Dua

✖ **F07**
케켑 레스토랑
Kekeb Restaurant

페니슐라 아일랜드
Peninsula Island

 ◎ **SS04**
워터블로우
Waterblow

Indian Ocean
인도양

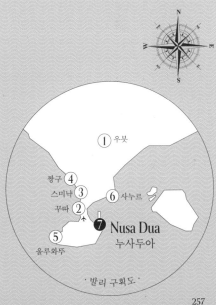

① 우붓

짱구 ④
스미냑 ③
꾸따 ②
⑤
울루와뚜

⑥ 사누르

⑦ Nusa Dua
누사두아

· 발리 구획도 ·

257

| **09:00** | **시크릿 카페 누사두아** Secret Cafe Nusa Dua |
| 아침 식사 | 아담하고 귀여운 카페 |

가정식 스타일의 음식을 맛볼 수 있는 작은 카페로, 요리에 조미료를 넣지 않는 것이 특징이다. 야외와 실내를 합쳐 테이블이 몇 개 되지 않지만, 아기자기한 소품으로 꾸며 편안한 감성을 더했다. 이른 시간부터 스크램블에그, 토스트, 샐러드 등의 서양식 아침 식사를 즐기기 위해 많은 여행자가 이곳을 찾는다. 이밖에 나시고렝, 미고렝과 같은 인도네시아 음식도 소박하지만 정성스럽게 내어준다. 비건 메뉴도 제공한다.

📍 Jl. Siligita, Benoa, Kec. Kuta Sel., Kabupaten Badung, Bali 80361 🚶 누사두아 비치에서 차로 약 5분 🕐 목~화요일 08:00~16:00 ✖ 수요일 🍴 아침 메뉴 40,000~60,000Rp, 점심 메뉴 50,000~95,000Rp, 아메리카노 30,000Rp(현금 결제만 가능)/ 택스 10% 별도 📷 secretcafenusadua

| **10:30** | **푸자 만달라** Puja Mandala |
| 사원 관광 | 다섯 종교의 사원들이 한 곳에 |

인도네시아는 세계에서 무슬림 인구가 가장 많은 나라다. 반면 발리는 인구의 80~90%가 힌두교를 믿으며, 그럼에도 천주교, 불교, 기독교 등의 타 종교에 개방적이다. 푸자 만달라는 인도네시아 종교의 다양성을 경험하기에는 더없이 좋은 곳이다. 이곳에는 이슬람 예배당, 카톨릭 성당, 불교 사원, 개신교 교회, 힌두 사원이 나란히 자리하는데, 사상과 교리, 예배 방식 등이 다름에도 불구하고 이 종교들이 한 공간에서 어떻게 조화를 이루고 함께하는지를 보여준다. 불교 사원을 제외하고는 기도 시간이 아닐 때는 내부 입장이 가능하다. 다만 이슬람 예배당과 힌두 사원의 경우 민소매 상의와 반바지 차림으로는 입장할 수 없다.

📍 Jl. Nusa Dua, Benoa, Kec. Kuta Sel., Kabupaten Badung, Bali 80361 🚶 누사두아 비치에서 차로 약 9분
🕐 08:00~16:00 ✖ 연중무휴 🍴 무료

라자 발리 Raja Bali 세컨드아울렛 Second Outlet

맛과 서비스가 남다른 깔끔한 레스토랑

정갈한 전통 인도네시아 요리를 맛보고 싶다면 라자 발리로 가자. 자리에 앉자마자 물수건과 웰컴 스낵을 건네는 서비스부터 남다른 이곳은 단품 식사부터 2인 코스 요리까지 메뉴가 다양하다. 전 세계 여행자들의 입맛에 맞춰 음식 평도 호불호가 드물다. 추천 메뉴는 입에서 부드럽게 살살 녹는 닭꼬치 요리 사테 릴릿 아얌으로 시원한 맥주와 최고의 궁합을 자랑한다. 단, 가격은 꽤나 비싼 편.

📍 Jl. Nusa Dua No.62, Benoa, Kec. Kuta Sel., Kabupaten Badung, Bali 80361 🚶 누사두아 비치에서 차로 약 5분(누사두아 지역 내 무료 픽업 서비스 제공) 🕐 12:00~22:00 ❌ 연중무휴 🍽 사테 릴릿 아얌(Satay Lilit Ayam) 90,000Rp/ 택스 & 서비스 차지 21% 별도 📞 +62 812-3864-4766 📷 rajabalirestaurant G Raja Bali Nusa Dua

---

누사두아 피자 Nusa Dua Pizza

둘이 먹어도 배부른 가성비 맛집

누사두아에서 최고의 화덕 피자를 먹고 싶다면 이곳으로 향하자. '누사두아 피자'라는 직관적인 이름에 걸맞는 맛있는 정통 이탈리아식 피자를 내놓는데, 구글 맵스 리뷰에는 '인생 피자'라는 칭찬이 자자하다. 얇고 바삭한 도우와 신선한 재료를 사용한 다양한 토핑이 절묘한 조화를 이룬다. 20가지가 넘는 피자 메뉴 중에서 기본에 충실한 마가리타와 치즈 피자가 가장 인기가 많다.

📍 Jl. Bypass Ngurah Rai Jl. Nusa Dua No.99xx, Benoa, Kec. Kuta Sel., Kabupaten Badung, Bali 80361 🚶 누사두아 비치에서 차로 약 9분 🕐 12:00~22:00 🍽 마가리타 피자 (Margarita Pizza) 60,000Rp, 치즈 피자(Cheese Pizza) 80,000Rp / 택스 10% 별도 ✈ www. nusadua-pizza.com 📞 +62 81-339-491-339 📷 nusaduapizza

13:00

리헷 카페 Rehat Cafe
언제든 들르기 좋은 카페

누사두아에서 괜찮은 카페를 찾는다는 건 쉽지 않은 일이다. 하지만 리헷 카페는 맛있는 커피와 아침 식사, 브런치 메뉴로 늘 문전성시를 이루는 곳이다. 편안한 분위기와 친절한 서비스 또한 이곳의 인기에 한몫한다. 간단하게 먹기 좋은 메뉴로는 고소하고 달콤한 아몬드를 듬뿍 뿌린 아몬드 크루아상을 추천한다. 아이스 롱 블랙으로 카페인 충전은 필수다.

📍 Jl. Pratama No.19, Benoa, Kec. Kuta Sel., Kabupaten Badung, Bali 80361 🚶 누사두아 비치에서 차로 약 8분 🕐 08:30~21:30
❌ 연중무휴 🍴 아몬드 크루아상(Almond Croissant) 37,000Rp, 아침 메뉴 31,000~56,000Rp, 아이스 롱블랙(Iced long black) 31,000Rp 📷 cafe.rehat

---

14:00
박물관 관광

파시피카 박물관 Museum Pasifika
민속 공예품, 그 고유의 매력 속으로

발리의 유명 건축가 포포 데인스(Popo Danes)가 디자인한 박물관이다. 인도네시아를 비롯해 아시아와 유럽 등 25개국의 200명이 넘는 아티스트의 작품을 만나볼 수 있는 공간으로, 고급 리조트와 호텔이 모여 있는 누사두아 관광 단지에 자리한다. 11개의 전시실에 약 600점의 예술 작품이 전시되어 있는데, 특히 10호실을 추천한다. 오세아니아와 태평양 지역의 타파(Tapa)가 꽤나 볼 만한데, 타파는 나무껍질로 만든 조각물이나 패브릭 제품을 가리킨다.

📍 BTDC Area Block P, Benoa, Kec. Kuta Sel., Kabupaten Badung, Bali 80361 🚶 누사두아 비치에서 도보 약 14분. 누사두아 관광 단지 내에 위치 🕐 10:00~18:00 ❌ 연중무휴 💰 성인 100,000Rp, 어린이(11세 이하) 무료 🌐 www.museum-pasifika.com 📷 museumpasifika

15:30 **누사두아 비치** Nusa Dua Beach
해변 산책
랜드마크와 엮어 둘러볼 만한 해변

누사두아 비치에 자리한 고급 리조트는 대부분 숙박객을 위한 전용 프라이빗 비치를 보유하고 있다. 반면 누구나 접근 가능한 누사두아 비치는 상대적으로 조용하고 한적하며 소박하다. 아름다운 해변을 기대하고 방문한다면 실망할 수 있으니, 해변 근처 워터블로우나 파시피카 박물관, 발리 컬렉션 쇼핑몰을 방문하는 일정이라면 함께 들러볼 만하다.

📍 Nusa Dua Beach, Benoa, Kec. Kuta Sel., Kabupaten Badung, Bali 80361 🚶 발리 컬렉션에서 도보 약 18분 🕐 24시간 ✖ 연중무휴

Another Choice **워터블로우** Waterblow
거대한 물보라가 치는 해안 절벽

누사두아 비치 근처 페닌슐라 아일랜드(Peninsula island)에 조성된 산책로를 따라 5분 정도 걷다 보면 워터블로우가 나온다. 이곳에서는 파도가 석회암 바위에 부딪쳐 강한 물보라를 일으키는 모습을 볼 수 있는데, 그저 바라만 봐도 자연의 아름다움과 경이로움이 훅 다가온다. 단, 밀물 때만 감상할 수 있으니 미리 시간을 확인 후 방문할 것을 권한다.

📍 Waterblow, Benoa, Kec. Kuta Sel., Kabupaten Badung, Bali 80363 🚶 누사두아 비치에서 도보 약 17분 🕐 09:00~18:00 ✖ 연중무휴 🎫 성인 25,000Rp, 어린이 15,000Rp

16:30
쇼핑

발리 컬렉션 Bali Collection
누사두아를 대표하는 야외 쇼핑몰

소고 백화점을 비롯해 록시(Roxy), 빌라봉(Billabong), 울루와뚜 핸드메이드 발리니스 레이스»p.115 등의 유명 의류 브랜드가 입점해 있다. 눈길을 끄는 쇼핑 아이템이 많지는 않지만 레스토랑과 카페, 슈퍼마켓, 드러그 스토어 등 여행자를 위한 편의 시설을 이용하기엔 좋다. 고급 리조트가 있는 누사두아 관광 단지 내에 있으며, 단지 내 호텔과 리조트까지 무료 셔틀을 운영한다.

📍 Jl. Kw. Nusa Dua Resort, Benoa, Kec. Kuta Sel., Kabupaten Badung, Bali 80361 🚶 누사두아 비치에서 도보 약 18분. 누사두아 관광 단지 내에 위치 ⏱ 10:00~22:00 ✖ 연중무휴 ✈ www.bali-collection.com 📷 balicollection_nd

17:00
카페

두아 카페 DUA Kafe
발리에서 만나는 일본풍 카페

Food & Drink 05

발리 컬렉션 안에 있는 카페로, 넓은 정원과 미니멀한 디자인의 실내 공간이 일본의 어느 카페에 온 느낌을 준다. 규모가 꽤 크지만 좌석 수가 많지 않고 자리 간격도 넓어 조용한 분위기에서 커피 한잔의 여유를 즐기기에 제격이다. 커피 메뉴 중 롱 블랙은 은은한 단맛과 적당한 산미가 절묘하게 조화를 이룬다.

📍 Jl. Pantai Mengiat, Benoa, Kec. Kuta Sel., Kabupaten Badung, Bali 80361 🚶 발리 컬렉션에 위치. 서문에서 도보 약 5분 ⏱ 07:00~19:00 ✖ 연중무휴 🍴 롱 블랙(Long Black) 30,000Rp, 플랫 화이트(Flat White) 35,000Rp/ 택스 & 서비스 차지 15% 별도 📷 daukafe.bali

18:00
저녁 식사

누사 바이 수카 Nusa By/Suka 누사두아점 Nusa Dua

깔끔하게 즐기는 서양 요리

발리 컬렉션 서문 입구 쪽에 자리한 레스토랑. 너무 캐주얼하지도, 그렇다고 너무 고급스러운 분위기도 아니라서 부담 없이 식사를 즐길 수 있는 곳이다. 피자, 스테이크 등 서양 요리를 메인으로 선보이는데, 화덕 피자를 찾는 사람이 특히 많다. 메뉴 선택부터 요리의 만족도까지 섬세하게 신경 써주는 직원 서비스도 인상적이다. 목요일과 금요일, 토요일 저녁에는 라이브 연주가 열리며, 예약은 홈페이지에서 가능하다. 우붓에도 지점이 있다.

📍 Jl. Kw. Nusa Dua Resort, Benoa, Kec. Kuta Sel., Kabupaten Badung, Bali 80361 🚶 발리 컬렉션 내에 위치 🕐 11:00~23:00 ✖ 연중무휴 🍴 화덕 피자(Woodfired Pizza) 110,000~165,000Rp/ 택스 & 서비스 차지 17% 별도 ✈ www.nusabysuka.com
📷 nusabysuka

Tips 리조트에서 즐기는 한 끼

누사두아 지역은 고급 숙소의 격전지라고 할 만큼 4·5성급 호텔과 리조트가 많다. 소피텔 발리 누사두아 비치 리조트의 이탈리언 레스토랑 쿠치나(Cucina), 더 웨스틴 리조트 누사두아 발리의 이탈리언 레스토랑 프레고(Prego), 더 물리아 누사두아 발리의 지중해식 레스토랑 솔레일(Soleil)을 추천한다.

Another
Choice

케켑 레스토랑 Kekeb Restaurant

누사두아 해변 앞 편안한 레스토랑

해변을 바라보며 식사를 즐기기 좋은 레스토랑. 다양한 해산물 요리와 폭립 등의 메뉴를 선보이는데, 그중 치킨 사테는 달콤하고 짭조름한 맛이 어우러져 맥주 생각이 절로 든다. 쿠킹 클래스도 운영 중이다.

📍 ITDC Area Nusa Dua, Lot C-0, Jl. Nusa Dua, Benoa, Kec. Kuta Sel., Kabupaten Badung, Bali 80361 🚶 누사두아 비치에 위치 🕐 10:00~22:00 🍴 치킨 사테 세트(Chicken Sate Set) 125,000Rp, 그릴 폭립 400g(Grill Pork Ribs) 210,000Rp, 빈땅 40,000Rp/ 택스 & 서비스 차지 17% 별도 ✈ www.kekebrestaurant.com 📷 kekebrestaurant

석양 아래 즐기는 해산물 요리
짐바란 하루 여행

아름다운 해안선을 따라 유명 중·고급 리조트가 많아 신혼 여행객들에게
인기가 많은 발리의 남쪽 마을, 짐바란. 응우라라이 국제공항에서 차로
약 20분 거리에 위치해 공항에서의 접근성이 좋을 뿐 아니라 조용하게
휴양을 즐기기에도 더할 나위 없는 곳이다.
볼거리와 즐길 거리가 많지는 않지만 해 질 녘, 해변을 바라보며
신선한 해산물 요리를 즐기기 위해 많은 이가 짐바란을 찾는다. 무아야
비치(Muaya Beach) 백사장을 따라 12개 남짓 되는 해산물 레스토랑이
자리하는데, 이곳을 통칭해 "짐바란 시푸드(Jimbaran Seafood)"라고
부르기도 한다.

Jimbaran

Note

짐바란 시푸드 가이드

일정이 빡빡하다면 짐바란까지 와서 식사만 하고 돌아갈 만큼 아주 특별한 맛은 아니지만,
해변을 가득 메운 테이블 한 곳에서 노을과 함께 즐기는 식사는 분명 새로운 추억일 테다.
검색 시간을 줄여줄 기본 정보와 함께 추천 식당 세 곳을 추려보았다.

교통

자유 여행자의 대부분은 그랩, 고젝과 같은 차량을 호출해 이용하는 경우가
많다. 늦은 시간에도 호출이 잘 되는 편이며, 공항과도 가까워 짐바란
시푸드를 즐긴 후 출국을 하는 코스도 괜찮다. 짐 보관은 따로 하는 곳이
없으니 짐이 있을 경우 식당에 잠깐 맡겨두자.

· **응우라라이 국제공항**에서 약 20~30분
· **우붓**에서 약 1시간 40~50분
· **꾸따**에서 약 30~40분
· **스미냑**에서 약 40~50분
· **짱구**에서 약 50~60분
· **울루와뚜**에서 약 35~45분
· **사누르**에서 약 40~50분
· **누사두아**에서 약 25~35분

메뉴와 식당 선택

오징어, 조개, 생선 등이 골고루 나오는 세트 메뉴를 주문한 뒤, 양이
부족하다면 단품을 추가하는 것을 추천한다. 어느 식당이나 세트 메뉴
구성은 크게 다르지 않으니 가격과 시설, 분위기를 보고 선택하자.

추천 식당 메뉴 비교

상호	메뉴명	가격(택스 & 서비스 차지 별도)	주요 메뉴
하티구 짐바란	1인 메뉴	240,000Rp (15% 별도)	생선구이 250g, 오징어 사테 2개, 구운 새우 2개, 구운 조개 2개
	2인 메뉴	440,000Rp (15% 별도)	생선구이 400g, 오징어 사테 4개, 구운 새우 4개 , 구운 조개 8개
	메뉴 공통	1~2인 메뉴에 밥, 모닝글로리, 소스, 과일, 물 1~2병(또는 음료) 포함	
메네가 카페	세트 A	1인 395,000Rp (10% 별도)	랍스터 300~400g, 생선구이 500g, 구운 조개 4개, 오징어 사테 4개
	세트 B	1인 195,500Rp (10% 별도)	킹 새우 3개, 생선구이 500g, 구운 조개 4개, 오징어 사테 4개
	선셋 패키지	2인 750,000Rp (10% 별도)	랍스터 600~700g, 생선구이 700g, 구운 조개 6개, 오징어 사테 6개
	메뉴 공통	세트 A·B와 선셋 패키지에 밥, 채소, 소스, 음료(코코넛 또는 믹스 주스), 물 1병 포함/ 선셋 패키지는 음료와 물 2병씩 제공	
끄끌루아르가안 판단 사리 카페	마와르 패키지 (Mawar Package)	1인 150,000Rp (15% 별도)	생선구이 400g, 구운 새우 3개, 오징어 사테 3개, 구운 조개 3개
	메라티 패키지 (Melati Package)	2인 320,000Rp (15% 별도)	랍스터 350g, 생선구이 400g, 구운 새우 3개, 오징어 사테 3개, 구운 조개 3개
	메뉴 공통	패키지 세트에 밥, 채소, 소스, 과일, 물 1병 포함/ 메라티 패키지는 물 2병 제공	

✖ Food & Drink 01

하티구 짐바란 HATIKU Jimbaran

신혼 여행객에게 인기 만점

시설이 깔끔하고 플레이팅이 정갈해 가장 인기 있는 곳. 1인 메뉴 '혼자지만 외롭지 않아(Alone not Lonely)', 2인 메뉴 '너는 내 마음 안에 있어(You're In My Heart)' 등 작명 센스도 돋보인다. 가격은 다소 비싼 편이다.

📍 Jl. Bukit Permai, Jimbaran, Kec. Kuta Sel., Kabupaten Badung, Bali 80361 🏃 무아야 비치에 위치 🕐 11:00~22:00 ✖ 연중무휴 🍴 1인 메뉴 240,000Rp, 2인 메뉴 440,000Rp/ 택스 & 서비스 차지 15% 별도 ✈ www.hatikujimbaran.com 📞 +62 877-8611-2121(예약) 📷 hatikujimbaran

✖ Food & Drink 02

메네가 카페 Menega Cafe

가장 대중적인 곳을 찾는다면 이곳

늘 문전성시를 이루기 때문에 주말 저녁 시간에 방문할 예정이라면 예약을 추천한다. 주문은 식당 안 수조 쪽으로 가서 직접 해야 하는 시스템으로, 세트 메뉴를 고르고 인원을 말하면 주문이 쉬워진다.

📍 Jl. Four Seasons Muaya Beach, Jimbaran, Kec. Kuta Sel., Kabupaten Badung, Bali 80361 🏃 무아야 비치에 위치 🕐 10:00~22:00 ✖ 연중무휴 🍴 세트 A 1인 395,000Rp, 세트 B 1인 195,500Rp, 선셋 패키지 2인 750,000Rp/ 택스 10% 별도 ✈ www.menega.com 📞 +62 812-393-3539(예약)

✖ Food & Drink 03

끄끌루아르가안 판단 사리 카페

Kekeluargaan Pandan Sari Cafe

가성비가 훌륭한 시푸드

짐바란 시푸드 초입부에 자리한 식당. 맛은 물론, 기분 좋은 서비스가 만족스럽다는 평이다. 세트 메뉴의 양이 적기 때문에 오징어튀김이나 조개구이를 추가하길 권한다.

📍 Jl. Bukit Permai, Jimbaran, Kec. Kuta Sel., Kabupaten Badung, Bali 80361 🏃 무아야 비치 위치 🕐 12:00~22:00 ✖ 연중무휴 🍴 마와르 패키지 1인 150,000Rp, 메라티 패키지 2인 320,000Rp/ 택스 & 서비스 차지 15% 별도 📷 pandansari. jimbaran

발리 근교 추천 섬 투어
누사페니다 하루 여행

누사페니다는 인도네시아 발리 동남쪽에 있는 섬이다. 천혜의 아름다운
자연과 맑고 깨끗한 수중 환경을 갖춰 많은 이에게 사랑받고 있는데, 특히
다채로운 해양 생물을 만날 수 있는 다이빙과 스노클링 스폿으로 잘 알려져
있다. 시간 여유가 된다면 섬에서 1박 이상 하는 것도 좋고, 여행사를 통한
당일 투어 상품으로 다녀오는 것도 괜찮다.

Tips 추천 투어
누사페니다 투어에는 서쪽 섬 투어, 동쪽
섬 투어, 스노클링 투어, 스페셜 투어 등의
상품이 있다. 그중에서도 네 곳의 포인트, 만타
베이(Manta Bay), 가맛 베이(Gamat Bay),
크리스털 베이(Crystal Bay), 월 베이(Wall
Bay)에서 스노클링을 하고 서쪽 섬을 돌아보는
스페셜 투어를 추천한다.

Nusa Penida

누사페니다 스노클링+서쪽 섬 투어 일정 · 일정은 현지 상황 및 투어 업체에 따라 달라질 수 있다.

06:00~07:30 **숙소 픽업** (*지역마다 픽업 시간 상이.)

08:00 **사누르 선착장에서 페리를 타고 누사페니다로 이동**

파고(물결의 높이)에 따라 배가 심하게 흔들릴 수 있고, 누사페니다는 대부분 비포장도로이기 때문에 도로 상태가 고르지 않아 멀미가 날 수도 있다. 멀미가 심하다면 승선 30분 전에 멀미약을 먹을 것을 권한다.

09:00 **누사페니다 도착**

09:30 **4곳 4색 스노클링 즐기기**

배를 타고 만타 베이(Manta Bay), 가맛 베이(Gamat Bay), 크리스털 베이(Crystal Bay), 월 베이(Wall Bay) 네 곳의 포인트에서 스노클링을 즐긴다.

만타 베이(Manta Bay)나 가맛 베이(Gamat Bay)는 만타 가오리를 만날 수 있는 포인트로 유명한데, 우기 시즌(11~3월)이거나 바람이 세고 파도가 높은 날은 만타 가오리를 볼 수 없을지도 모른다.

| 12:00 | 간단한 점심 식사 |

| 13:00 | **누사페니다 서쪽 섬 투어** |

가이드와 함께 클링킹 절벽(Kelingking Cliff), 엔젤 빌라봉(Angel Billabong), 브로큰 비치 (Broken Beach)를 관광한다. 아름다운 풍경에 탄성이 절로 나오는 스폿들에서 잊지 못할 인생샷을 남겨보자.

| 16:00 | 누사페니다에서 페리를 타고 사누르 선착장으로 이동 |

| 17:00 | 숙소로 이동 |

포함 사항 : 왕복 이동 서비스(호텔 픽업 서비스 및 왕복 페리 티켓 포함), 현지 입장료, 현지 차량, 영어 가능 투어 가이드, 스노클링 장비, 점심 식사, 수중 촬영 사진 등.

가는 방법 : 사누르 선착장에서 고속 페리로 약 45~55분 소요.

예약 방법 : 발리 현지 여행사 또는 클룩(Klook)에서 예약.

준비물 : 선크림, 선글라스, 모자, 수영복, 갈아입을 여분의 옷 등.

소요 시간 : 8~10시간.

요금 : 현지 여행사에서 예약 시 1인 900,000Rp~, 클룩에서 예약 시 1인 950,000Rp~.

Part 01

우리들의
여행 준비

차근차근 하나씩,
발리 여행 준비

01 | 여권 발급

여권 신청

여권 발급은 서울은 구청, 지방은 시청과 도청에서 가능하다. 여권은 본인이 직접 신청해야 하며, 만 18세 미만 미성년자와 질병이나 장애를 겪고 있는 경우, 의전상 필요한 경우에 한해 대리인을 통해 신청 가능하다.

여권 종류

유효 기간 만료일까지 횟수 제한 없이 해외여행을 할 수 있는 복수 여권(유효 기간 10년/5년)과 발급지 기준 왕복 1회(출국. 입국 각 1회) 한정으로 해외여행을 할 수 있는 단수 여권(유효 기간 1년)으로 나뉜다. 2021년부터 차세대 전자 여권이 도입됐는데, 종전의 일반 여권(녹색 커버. 유효 기간 4년 11개월)도 발급 가능하다.

여권 발급 서류

여권 발급 신청서, 신분증, 여권용 사진 1매(6개월 이내 촬영한 사진/ 가로 3.5x세로 4.5cm)

여권 발급 비용

여권 종류	기간(연령)	비용
복수 여권	10년 이내(18세 이상)	58면 5만 원, 26면 4만 7000원
	5년(8세 이상~18세 미만)	58면 4만 2000원, 26면 3만 9000원
	5년(8세 미만)	58면 3만 3000원, 26면 3만 원
단수 여권	1년 이내	1만 5000원

여권 발급 소요 기간

현용 여권(남색) : 발급처 근무일 기준 약 3~5일 소요.
종전 일반 여권(녹색) : 발급처 근무일 기준 약 5~6일 소요.

여권 재발급

여권의 유효 기간은 여행 출발일로부터 6개월 이상 남아 있어야 한다. 이 경우가 아니라면 기존 여권의 잔여 유효 기간을 늘리거나 재발급 신청을 할 수 있다. 발급처 방문 또는 온라인 '정부24 웹사이트'에서 신청 가능.

* 여권의 유효 기간이 넉넉해도 사증 페이지가 남아 있지 않을 경우 발리 입국이 불가할 수 있으니 여행 준비 전 여권을 꼼꼼히 확인한다.

여권 발급 정보 및 문의
· 외교부 여권 안내 홈페이지 www.passport.go.kr
· 외교부 여권 민원 상담 02-3210-0404

주인도네시아 대한민국대사관
· 홈페이지 overseas.mofa.go.kr/id-ko/index.do
· 대표번호 +62 21-2967-2580

주인도네시아 대한민국대사관 발리 분관
· 홈페이지 overseas.mofa.go.kr/id-bali-ko/index.do
· 대표번호 +62 361 -445-5037
· 사건·사고 등 긴급 상황 시 +62 811-1966-8387

02 | 항공권 구입

항공권은 구매 시점, 여행 시기와 기간, 항공권 클래스, 날짜 변경 가능 여부, 수하물 포함 여부, 마일리지 적립 가능 여부 등에 따라 가격이 달라진다. 혹시 모를 사건 사고를 대비해 날짜 변경이 가능한 항공권을 구입한다.

항공권 예약 웹사이트
· 대한항공 www.koreanair.com
· 가루다인도네시아항공 www.garuda-indonesia.
  com/kr/ko
· 제주항공 www.jejuair.net

온오프라인 항공사
· 하나투어 www.hanatour.com
· 인터파크투어 sky.interpark.com

항공권 비교 웹사이트
· 스카이스캐너 www.skyscanner.co.kr
· 네이버항공권 flight.naver.com

03 | 숙소 예약

호텔 자사 웹사이트에서 직접 예약해 프로모션 혜택을 누리거나 구글 검색창에 숙소명을 입력한 후 여러 예약 웹사이트의 가격을 비교해보자. 방문자 리뷰를 통해 숙소 위치와 룸 컨디션 등을 파악하는 것도 좋다.

숙소 예약 웹사이트
· 아고다 www.agoda.com
· 부킹닷컴 www.booking.com
· 호텔스닷컴 kr.hotels.com
· 트립닷컴 kr.trip.com
· 에어비앤비 www.airbnb.co.kr

여행 정보 웹사이트
· 트립어드바이저 www.tripadvisor.co.kr

04 | 현지 투어 예약

여행 일정이 정해졌다면 발리 응우라라이 국제공항 픽업 서비스와 액티비티 투어를 예약하는 것도 좋다. 같은 액티비티라도 업체에 따라 가격이 천차만별이므로 후기를 꼼꼼히 확인한다.

액티비티 플랫폼
· 클룩 www.klook.com
· 케이케이데이 www.kkday.com/ko

· 마이리얼트립 www.myrealtrip.com
· 와그 www.waug.com

05 │ 해외 데이터 구매

통신사 로밍 서비스
국내에서 쓰던 휴대폰 번호 그대로 해외에서도 사용할 수 있게 해주는 서비스다. 자신이 사용하는 통신사의 애플리케이션, 홈페이지, 고객센터 중 한 곳을 통해 신청한다.

포켓 와이파이
나라별 통신사의 데이터를 와이파이(Wifi)로 바꿔주는 휴대용 소형 라우터를 대여하는 방식. 여러 명이 동시에 접속 가능한 것이 장점이다. 각 통신사 또는 와이파이도시락 같은 포켓 와이파이 대여 업체의 고객센터나 웹사이트에서 신청 후 인천국제공항에서 수령 및 반납하면 된다.

유심 USIM
현지 통신사의 유심 칩을 구입해 사용하는 서비스로, 발리 여행자들이 가장 선호하는 방식이다. 현지 번호가 따로 부여되며, 기간과 용량에 따라 가격이 다르다. 유심 전문 웹사이트(말톡, 유심스토어), 액티비티 플랫폼(클룩, 마이리얼트립) 또는 발리 응우라라이 국제공항, 유심 가게 등에서 구입할 수 있다.

이심 eSIM
유심 칩 교체 없이 휴대폰에 내장된 자체 심(SIM)을 그대로 사용하면서 해당 국가의 회선으로 데이터를 사용한다. 말톡, 유심스토어 등에서 구매하면 QR 코드를 발급해주는데, QR 코드 스캔 후 휴대폰에 설정만 하면 된다.

한눈에 보는 해외 데이터 서비스

	장점	단점
통신사 로밍	· 가장 간편하게 사용 가능.	· 가격 부담이 큼.
	· SK 텔레콤 : 3GB(최대 30일) 2만 9000원, 6GB(최대 30일) 3만 9000원, 12GB(최대 30일) 5만 9000원	
	· KT : 4GB(최대 15일) 3만 3000원, 8GB(최대 30일) 4만 4000원, 12GB(최대 30일) 6만 6000원	
	· LG U플러스 : 4GB(최대 30일) 3만 9000원, 8GB(최대 30일) 6만 3000원, 10GB(최대 60일) 8만 원	
포켓 와이파이	· 2명 이상이 함께 여행할 때 유용. · 통신사의 무제한 데이터 로밍 서비스보다 저렴함.	· 늘 기기를 가지고 다녀야 함. · 계속 충전해야 함.
	· 15GB(30일) 2만 원~, 30GB(30일) 2만 7000원~, 60GB(30일) 3만 9000원~	
유심(USIM)	· 가격이 저렴하고 통신이 안정적임.	· 한국 번호의 전화와 문자를 받을 수 없음.
	· 5GB(30일) 9800원~, 10GB(30일) 1만 4800원~	
이심(eSIM)	· 간단한 설치 방법, 합리적인 가격.	· 지원되는 휴대폰 단말기 기종이 한정적. · 울루와뚜 사원 등 발리 일부 지역에서는 데이터 통신이 불안정.
	· 5GB(8일) 9900원~, 6GB(10일) 1만 5800원~, 매일 1GB+저속 무제한(7~10일) 7800~1만 9800원 · 매일 2GB+저속 무제한(7~10일) 1만 1000~3만 원	

06 | 여행자 보험 가입

팬데믹 이후 여행자 보험 가입은 필수가 되었다. 해외여행 중 발생할 수 있는 사고, 도난, 질병 등에 대비해 여행자 보험은 꼭 가입하길 권한다. 출발 당일에도 가입 가능하며, 각 보험 회사의 웹사이트에서 가입할 수 있다.

여행자 보험 가입 가능 회사
· 트래블로버 web.travelover.co.kr
· 동부화재 www.directdb.co.kr
· 삼성화재 direct.samsungfire.com
· 현대해상 direct.hi.co.kr
· 어시스트카드 www.assistcard.co.kr

> **Tips 보상을 위한 현지 발급 서류**
> · 코로나19 : 병원 치료 시 수령한 진단서와 치료비 영수증, 약 제품 영수증, 처방전 등. 보상 범위는 질병 의료비 한도 확인.
> · 도난 사고 : 현지 경찰서에서 발급해준 도난/사고 증명서 등.

07 | 환전/카드 준비

현금 환전
발리에서는 환전 사기가 많이 발생하므로 한국의 은행에서 환전해 가는 것이 좋다.

신용카드/충전식 선불 카드
몇몇 식당과 상점, 시장 외에는 대부분 신용카드 결제가 가능하다. 단, 자신이 소지한 카드가 해외 이용이 가능한지 반드시 확인한다. 신용카드 결제 시 수수료가 있으므로 충전식 선불 카드인 트래블월렛(Travel Wallet)이나 하나 트래블로그(Travel Log) 카드를 추천한다.

> **Tips 환전 팁**
> 대략 하루 예산을 정한 후 현금과 카드 사용 비율을 나눠 필요한 금액을 환전한다. 은행 모바일 애플리케이션으로 환전을 신청해 출국 당일 인천국제공항에서 찾는 방법을 추천.

① 트래블월렛 카드
트래블월렛 애플리케이션을 이용해 트래블월렛 카드에 원하는 계좌를 연결해서 외화를 미리 충전하면 수수료 없이 해외에서 결제할 수 있다. 현지 ATM에서 외화 출금이 가능한 것도 장점. 카드는 트래블월렛 애플리케이션 다운로드 후 발급 가능하며, 실물 카드는 신청 후 수령까지 약 5~7일이 소요된다.

©Travel Wallet

② 하나 트래블로그 카드
하나머니 애플리케이션을 통해 하나은행, 하나증권, 하나저축은행 중 1개 이상의 본인 실명 계좌 등록 및 연결 후 외화를 충전하면 해외에서 결제가 가능하다. 해외 가맹점에서 결제 시 수수료가 무료이며, 해외 ATM에서 인출이 가능하다. 카드 신청은 홈페이지 또는 하나카드 애플리케이션에서 할 수 있으며, 카드 발급 완료 후 다음 날부터 평일 2~5일 내에 실물 카드를 수령할 수 있다.

©Hana Card

2022년 11월부터 전자 도착 비자(e-VOA) 발급을 시행하고 있다. 출발 90일 전부터 신청 가능하지만 발급 후에는 변경되지 않으며, 취소할 경우 비자 발급료(500,000Rp)는 환불되지 않는다. PC와 모바일에서 발급 가능하며, 발리 응우라라이 국제공항에서도 도착 비자를 구입할 수 있다.

Step 01 전자 도착 비자 신청 서류 확인
· 여권의 개인 정보 페이지의 파일(JPEG, JPG, PNG/ 유효 기간 6개월 이상 잔여 여권)
· 증명사진 **4x6cm**(해상도 400x600pixels/ JPEG, JPG, PNG, PDF)
· 해외 결제 가능한 신용카드(Visa/ Master/ JCB)
· 발리에서 체류할 숙소의 영문 주소
· 발리 출국 정보가 명시된 리턴 항공권

Step 02 인도네시아 이민국 웹사이트 회원 가입
인도네시아 이민국 웹사이트(molina.imigrasi.go.id)에 접속해 회원 가입을 한다. 회원 가입을 하지 않을 거라면 Step 04로 바로 이동.

메인 화면 상단 우측, '사인 인 (Sign In)' 버튼을 누른다.
하단의 '계정 생성(Create Account)'을 선택한 후, 다음 화면에서 '외국인(Foreigner)'을 누른다.

회원 가입을 위해 도큐먼트 타입(여권)을 선택하고 여권 촬영 파일과 증명사진을 업로드한다.
이름, 성별, 출생 국가, 생년월일, 휴대폰 번호, 본인 성(Mothers Name)을 기재한다.
이어서 여권 번호, 국적, 여권 발급일, 여권 만료일, 발행 국가 정보를 입력한다.
이메일, 비밀번호를 설정하면 회원 가입 완료.

Step 03 메일 인증 및 로그인

회원 가입이 완료되면 등록한 메일 계정으로 이메일이 발송된다. 이메일을 열어 활성화 버튼을 누른다. 연동된 웹사이트에서 로그인을 한다.

Step 04 전자 도착 비자 신청

인도네시아 이민국 웹사이트 (molina.imigrasi.go.id) 메인 화면에서 '신청(Apply)' 버튼을 누른다.

'대한민국(Republic of Korea)'을 누르고, 방문의 주요 목적으로 '일반, 가족 또는 소셜(General, Family or Social)'을, 방문의 세부 목적으로 '관광, 가족 방문 그리고 환승 (Tourism, Family Visit, and Transit)'을 선택한다.
비자의 종류는 'B1 Tourist(Visa On Arrival)', 체류 기간을 '30일(30 Days)' 로 선택하고 '상세 & 신청(Detail & Apply)' 버튼을 누른다.

상세 정보 확인 후 '신청(Apply)'
버튼을 누른다.

Step 05 여권/사진 정보 입력

여권과 사진을 업로드 한 후 '다음
(Next)' 버튼을 누른다.

Step 06 결제 방법과 상세 정보 입력

결제 방법에서 '신용카드/직불카드
(CREDIT CARD/DEBIT CARD)'를
선택한다.

개인 신상 정보(Personal Information)
를 기입한다.
* 이름(Full name), 성별(Sex), 태어난
곳(Place of Birth), 생년월일(Date of
Birth), 핸드폰 번호(Phone Number)

이어서 문서 정보(Document
Information)를 기입한다.
*여권 번호(Document No.), 국적
(Nationality), 여권 만료일(Date of
Expiry), 여권 발행국(Issuing Country)
*발리 현지 숙소 타입(Residence
Type)과 정확한 숙소 주소(Address)
를 적으면 우편번호 등 나머지
정보는 자동으로 기입된다.

6개월 이상 남아있는 여권과 귀국
또는 제3국으로 가는 항공권을
업로드 한 후 '다음(Next)' 버튼을
누른다.

Step 07 정보 확인 및 신용카드 정보 입력 & 결제

동의 체크 박스를 클릭한 후 '저장 (Save)' 버튼을 누른다.

정보를 확인하고 및 '제출(Submit)' 을 누른다.

'결제(Payment)'를 누르고 신용카드 정보를 누른다.

결제 금액은 약 519,500Rp(수수료 포함)이다. 신용카드 정보인 카드 번호(Card Number), 카드 소유자 이름(Name On Card), 유효 기간 (Expiry), 비밀 코드(CVV)를 입력하고 '지불(Pay Now)' 버튼을 누르면 결제 완료.

Step 08 전자 도착 비자 발급 완료 및 다운로드

결제를 완료하면 등록한 이메일로 비자가 전송된다. 다운받은 비자 파일을 휴대폰 사진함에 저장하거나 종이로 출력한다.

발리 입국 시 세관 신고서를 작성해야 하며, 예전과 달리 현재는 전자 세관 신고(ECD, Electronic Customs Declaration)만 가능하다. 인도네시아 입국 2일 전부터 작성할 수 있으며, 응우라라이 국제공항에서도 작성 가능하다. 동반 가족이 있을 경우 대표로 1명만 기입해도 된다. 공항 세관 검사대 통과 시 세관 신고서 QR 코드를 스캔하면 끝.

Step 01 웹사이트 접속

인도네시아 전자 세관 신고 웹사이트(ecd.beacukai.go.id)에 접속한다.

Step 02 기본 정보 입력

영문 이름, 이메일, 여권 번호, 국적, 생년월일, 직업, 인도네시아 내 주소(호텔 이름/거주 주소), 도착 공항, 항공편명, 도착 날짜를 기입한다.

Step 03 수하물 개수와 동반 가족 수 입력

기내 수하물, 위탁 수하물의 개수, 동반 가족 수를 입력한다. 이때 혼자인 경우 0으로 적고, 동반 가족이 있다면 인원수와 가족 구성원 이름, 여권 번호, 국적, 관계를 기입한다.

Step 04 세관 신고 내용 확인

세관 신고 사항을 확인한 후 해당 사항이 있으면 '예 (YES)'로 체크하고, 없으면 '다음(NEXT)'으로 넘어간다.

Step 05 해외 구매 전자기기 확인

인도네시아 이외의 나라에서 구매한 전자기기(휴대폰. 노트북. 태블릿 PC)를 확인하는 페이지다. 여행 기간이 90일 이내라면 따로 기입할 필요 없으니 '다음(NEXT)' 버튼을 누른다.

Step 06 동의 확인 및 발급

사실대로 작성했음에 동의하고 '보내기(Send)' 버튼을 누른다.

발급된 전자 세관 신고 QR 코드 이미지를 휴대폰에 저장하거나 종이로 출력한다. 세관 신고할 때 QR 코드를 찍으면 된다.

10 | 관광세 납부

발리 주정부는 '외국인 관광객 의무 규정(2023년 제15호)'에 따라 인도네시아 발리에 입국하는 외국인 관광객을 대상으로 관광세를 적용한다. 2024년 2월 14일부터 시행되었으며 150,000Rp를 지불해야 한다. 관광세 부과는 최초 1회에 한하며 전자결제 수단을 통해 결제한다.

발리 전자 관광세 납부 웹사이트 (www.lovebali.baliprov.go.id)에 접속하고 우측에 있는 '납부(Pay Tourist Levy)' 버튼을 누른다.

지불 방법 선택(Choose Payment Method) 후 여권상 영문 이름(Full Name), 이메일 주소(Email), 여권 번호(Passport Number), 도착일 (Arrival Date)을 기입 후 '제출(Submit)' 버튼을 누른다.

지불 방법을 확인하고, 신용 카드 정보를 입력한다. 순서대로 카드 번호(Card Number), 카드 만료일(Expiration Date), 비밀 코드 (Security Code)를 입력하고 '제출 (Submit)' 버튼을 누르면 총 금액 154,500Rp(수수료 포함)가 지불된다.

지불이 완료되면 입력한 메일 주소로 QR 코드가 전송된다. 저장 후 발리 입국 시 제출한다.

항공사 및 여행 지역, 좌석 등급에 따라 수하물 허용 기준이 다르므로 자신이 구매한 항공권의 위탁 수하물 및 휴대 수하물 규정을 미리 확인한다.

Check List

✈️ **여권 및 항공권** ☐

입국 심사 시 항공권을 확인하므로 탑승권과 귀국 항공권은 휴대폰에 저장하거나 종이로 출력해둔다.

📄 **각종 서류** ☐

여권 복사본, 여분의 여권 사진, 숙소 바우처 (입국 심사 시 숙소 바우처 확인), 전자 도착 비자, 전자 세관 신고서, 관광세 납부 증명서 등

💵 **현지 화폐와 신용카드** ☐

👕 **의류** ☐

반팔, 긴 팔, 반바지, 긴 바지, 속옷, 수영복, 우비 등

👟 **신발** ☐

운동화 및 샌들

👒 **모자 & 선글라스** ☐

🧴 **화장품** ☐

스킨케어 제품과 선크림 등

🧴 **세면 도구** ☐

샴푸, 린스, 보디클렌저, 칫솔, 치약 등

💊 **비상 약품** ☐

감기약, 지사제, 소화제, 해열제, 밴드, 생리용품, 모기 기피제 등

🍴 **비상 음식** ☐

햇반, 컵라면, 휴대용 고추장 등

🔋 **전자제품** ☐

카메라, 휴대폰, 충전기 등

기타 ☐

코로나 자가 키트, 마스크, 샤워기 필터 등

아이와 함께라면 ☐

영문 가족 관계 증명서, 체험 학습 신청서, 물놀이 용품 등

memo

더 편하고 유용하게,
발리 여행 애플리케이션

01 **안전**

02 **지도**

03 **메신저**

04 **교통/배달**

05 **항공**

06 **환전/카드**

07 **숙소**

08 **액티비티**

09 **번역**

* 책 속 애플리케이션 다운로드 : 구글 플레이스토어, 애플 앱스토어

01 안전

영사콜센터 무료 전화
해외에서 사건, 사고 발생 시
와이파이만 연결되면 언제
어디서나 무료로 24시간
영사콜센터와 연결할 수 있다.
기능 : 여행국의 안전 정보 제공, 해외 안전 여행
정보 문자 발송, 긴급 여권 발급, 현지 관계자와의
통역 서비스, 긴급 경비 송금

해외안전여행 국민외교
모바일 동행 서비스에 가입한
후 여행 일정과 비상 연락처를
등록하면 푸시 알림을 통한 실시간
안전 정보를 받아볼 수 있다.
기능 : 여행국의 기본 정보, 여행국 안전 유의사항,
재난 정보 제공, 사고·재난 등 위급 상황 발생 시
자신의 위치 정보를 등록된 가족 혹은 지인에게 전송

02 지도

구글 맵스 Google Maps
해외여행 시 가장 유용한 지도 애플리케이션.
기능 : 스폿 기본 정보(주소, 영업시간, 홈페이지, 전화번호 등), 방문자 리뷰, 길 찾기 정보

03 메신저

왓츠앱 WhatsApp
카카오톡과 같은 모바일 메신저.
전화번호로만 등록할 수 있으며,
한 기기당 한 번만 인증 가능하다.
기능 : 데이터 통신을 통한 무제한 메시지 발송과 수신,
현지 레스토랑이나 액티비티 투어 예약

Tips 왓츠앱 사용법
· 발리 거주자의 번호를 추가하려면 국가번호(+62)를 입력.
· 현지 유심 칩으로 갈아 끼웠을 경우 부여받은 전화번호를
  왓츠앱에 등록한다. 기존 왓츠앱 사용자라면 번호 변경
  기능을 이용한다.
· 메시지 옆 체크 표시 : 체크 표시 1개는 서버로 메시지 전달,
  체크 2개는 상대방에게 메시지 전달, 파란색 체크는 상대방
  확인 완료.

04 교통/배달

고젝 Gojek & 그랩 Grab
발리에서 가장 유용하게 쓸 수
있는 차량 공유 플랫폼이자
배달 애플리케이션이다. 현재
위치를 기반으로 활성화된다.
기능 : 차량 호출(출발지-
도착지 경로와 소요 시간, 가격, 기사 등 확인 가능),
음식 배달

블루버드 Bluebird
미터기로 운행하는 택시.
블루버드라는 이름처럼 파란색 차
외관에 하얀 새 로고가 그려져 있다.
고젝, 그랩과 마찬가지로 자체 애플리케이션에서
차량 호출이 가능하다.
기능 : 차량 호출(출발지-도착지 경로와 소요 시간,
가격, 기사 등 확인 가능)

· **실전! 고젝 바이크 이용 방법** »p.296

05 항공

스카이스캐너 Skyscanner
전 세계 항공권을 경유부터 직항까지,
가격별로 한눈에 볼 수 있는 항공권
비교 예약 웹/앱 서비스.

기능 : 항공권 검색 및 비교(특히 최저가 검색에 용이),
예약 웹사이트 연동

항공사 자체 애플리케이션
항공권 비교 웹사이트 등에서 예약을
마쳤다면 탑승할 항공사 애플리케이션에
항공권 정보를 입력하자.

기능 : 좌석 지정, 기내식 메뉴 선택, 셀프 체크인, 날짜
변경 등

06 환전/카드

트래블월렛 Travel Wallet
카드 수수료 이 현지에서 결제 가능한 충전식 선불 카드. 트래블월렛 카드 애플리케이션을
통해서만 카드 신청과 계좌 연결, 외화 충전 등을 할 수 있다.

07 숙소

아고다 Agoda & 트립닷컴 Trip.com
숙소 예약 애플리케이션으로 실제 투숙객들의 솔직한 후기를 볼 수 있다는 것이 장점.
숙소에 따라 최저가를 제공하는 웹사이트가 다르므로, 구글 검색창에서 숙소를 먼저
입력한 후 가격을 비교하는 것도 방법이다.

기능 : 숙소 가격 비교, 예약, 리뷰 확인 및 작성 등

08 액티비티

클룩 Klook & 마이리얼트립 My Real Trip
액티비티 예약 애플리케이션. 검색창에 관심 있는 키워드만 입력하면 예약 업체들이
검색되므로 가격과 리뷰 비교 후 선택한다. 최소 하루에서 3일 전에는 예약해야 한다.

기능 : 유심 칩부터 공항 픽업 서비스, 현지 액티비티 등 예약

09 번역

구글 번역 Google Translate & 네이버 파파고 Papago
여행 중 의사소통이 어려울 때 쓰기 좋은 번역 애플리케이션이다. 종종 오류가 있기는
하지만 기본적인 단어 및 회화는 별 문제 없이 번역해준다.

출국부터 다시 입국까지, 실전 발리 여행

Step 01 인천국제공항 도착

출발 3시간 전에는 공항에 도착한다.

Step 02 탑승 수속 및 수하물 위탁

전광판에서 항공사의 카운터를 확인한 후 이동해 탑승 수속과 수하물 위탁을 진행한다. 예약이 확인된 전자 항공권이 있다면 출발 48~1시간 전에 항공사 웹사이트와 애플리케이션에서 미리 온라인 탑승 수속을 할 수 있다.

Step 03 환전 및 로밍, 여행자 보험 가입

사전에 준비하지 못한 환전, 로밍, 여행자 보험 가입은 출국장 진입 전에 완료하자.

Step 04 보안 검색

· 출국장 진입 : 보안요원에게 여권과 항공권을 제시한다. 본인 일치 여부를 위해 마스크, 모자, 선글라스 등은 잠시 벗는다. 2023년 7월부터 보완요원에게 여권과 항공권을 확인 받는 대신 '안면 인식 정보'로 출국 절차를 밟는 '스마트패스 서비스'가 개시되었다. 단, 현재 몇몇 항공사에 한해 운영 중이다.

· 보안 검색대 통과 : 가방, 겉옷 등을 바구니에 담아 검색대 레인 위에 올려놓는다. 기내 반입 금지 물품이 있는지도 미리 확인한다.

> **Tips 사전 등록 후 이용 가능자**
> · 사전 등록 대상 : 만 7세 이상 주민등록증 미소지자, 인적사항 (성명, 주민등록번호)이 변경된 경우
> · 사전 등록 장소 : 제1여객터미널 3층 H 카운터 맞은편 자동 출입국심사 등록 센터, 제2여객터미널 2층 출입국 서비스센터

Step 05 출국 심사

주민등록증을 소지한 대한민국 국민은 사전 등록 절차 없이 자동 출입국 심사대를 이용할 수 있다. 여권을 스캔한 후 손가락 지문, 얼굴 확인을 하면 끝.

Step 06 면세점 쇼핑

시내 면세점이나 인터넷 면세점에서 쇼핑을 했다면 면세품 인도장으로 가서 물품을 찾는다.

Step 07 탑승 게이트로 이동

탑승권의 게이트 번호와 위치를 확인한 후 이동한다. 제1여객터미널 101~132번 게이트의 경우, 셔틀 트레인을 타고 탑승동으로 이동해야 한다. 탑승 30~40분 전까지는 탑승 게이트 앞에서 대기한다.

Step 08 비행기 탑승

발리까지 비행시간은 약 6시간 55분에서 7시간 10분이 소요된다.

Step 01 비자 구입
비행기에서 내리면 입국(Immigration) 표시를 따라 움직인다. 인도네시아는 입국하는 해외 여행객들을 대상으로 도착 비자(VOA, Visa On Arrival) 제도를 시행하고 있다. 도착 비자 신청 수수료 500,000Rp($35 또는 약 6만 2500원)를 현금 또는 신용카드 결제(수수료 별도)로 지불하면 영수증을 준다. 사전에 전자 도착 비자를 발급한 경우 바로 입국 심사대로 이동.

Step 02 입국 심사
입국 심사대 창구는 도착 비자(VOA) 부스와 전자 도착 비자(e-VOA) 부스로 나뉘어 있다. 자동 출입국 심사대의 도입으로 전자 도착 비자 부스(e-VOA) 통과 시간이 상당히 단축되었다. 전자 도착 비자를 구입한 사람은 자동 입국 심사대에서 여권을 스캔한 후 지문 등록, 얼굴 확인을 거친다. 입국 심사가 완료되면 전자 도착 비자 신청 시 기입했던 이메일로 입국 심사서가 전송된다. 발리 공항에서 도착 비자를 구매한 경우, 부스의 직원에게 여권과 도착 비자(도착 비자 영수증)를 제시한다. 직원의 안내에 따라 얼굴 사진 촬영과 지문 등록을 한다. 요청 시 탑승권과 귀국 항공권 또는 제3국으로의 출국 항공권, 숙소 바우처 등을 보여준다.

Step 03 수하물 찾기
전광판에서 비행기 편명을 찾아 수하물 수취대 번호를 확인한 후 이동한다. 컨베이어 벨트에서 짐을 찾고 세관 신고대로 이동한다.

Step 04 세관 신고 및 검색대 통과
신고할 물건이 없다면 사전에 작성한 전자 세관 신고서(ECD)의 QR 코드를 스캔하고 엑스레이 검색대에 수하물을 통과시키면 된다. 수하물 검사까지 마치면 입국 절차 완료. 입국장에서 나가면 환전소, 유심을 구입할 수 있는 통신사, 카페 등의 편의 시설이 보인다.

03 | 발리 응우라라이 국제공항에서 이동

발리 응우라라이 국제공항에서 각 지역으로 가는 방법은 공항 택시, 차량 공유 서비스, 숙소 픽업 차량 서비스 등이 있다. 가장 저렴한 이동 수단은 뜨만 버스지만 모든 지역을 운행하지 않고, 큰 짐을 보관할 곳이 마땅치 않으며, 안내방송이 인도네시아어로만 나와 이용하는 여행객이 많지 않다. 사전에 픽업 서비스 차량을 예약한 경우, 공항 1층 입국장 출구의 미팅 포인트에서 예약자 이름이 적힌 피켓을 들고 있는 드라이버를 만나면 된다. 지역별 파트 교통 정보에서 교통수단별 장단점과 비용 확인 가능.

04 | 발리 시내 교통

택시/바이크
발리 시내에서 가장 많이 이용하는 교통수단은 택시와 오토바이 택시인 바이크다. 차량 공유 플랫폼인 고젝, 그랩 애플리케이션을 통해 택시와 바이크 모두 호출할 수 있다. 미터기로 운행하는 택시로는 블루버드가 있으며 자체 애플리케이션을 통해 호출 가능하다.

뜨만 버스와 쁘라마 버스
뜨만 버스는 저렴한 대신 시간이 오래 걸리고 노선 파악이 어렵다. 쁘라마 여행사에서 운영하는 쁘라마 버스도 있지만 하루에 1~3회만 운행해 시간이 넉넉하지 않은 사람에게는 추천하지 않는다.

Tips 바이크 렌털 금지
무면허 운전 및 교통사고, 오토바이 소지품 절도 등으로 인해 2023년 3월부터 외국 관광객들에게 오토바이 대여를 금지하고 있다.

① 휴대폰에서 고젝(Gojek) 애플리케이션을
다운로드한 후 실행한다.

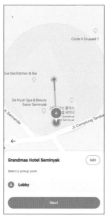

② 고라이드(GoRide)를
선택한다.

③ 현재 위치가 자동으로
설정되면 맞는지 확인한다.

④ 목적지를 입력한다.

⑤ 요금이 설정되면 호출
(Order GoRide)을 누른다.

⑥ 지도를 살펴보면서
주변의 바이크 기사를
찾고 선택한다.

⑦ 기사가 결정되면 대기
시간, 차량 번호, 기사
얼굴이 화면에 표시된다.

Tips 신용카드 등록 방법

① 고젝 애플리케이션을
실행한 후 메인 화면의
프로필 부분을 누른다.

② 마이 프로필(My Profile)
이 화면에 표시되면
지불 방법(Payment Methods)
을 선택한다.

③ 신용카드(Credit or Debit Card)를 선택한 후
카드 정보를 입력한다.

· 고젝(카), 그랩(카/바이크), 블루버드 애플리케이션 사용법도 위와 거의 동일하다.

· 애플리케이션에 신용카드를 미리 등록하지 않으면 자동으로 현금이 선택되어 하차할 때 현금으로
지불해야 한다. 신용카드를 결제 수단으로 선택하면 차량 호출 후 선결제가 이루어진다.

Step 01 응우라라이 국제공항 도착
출발 3시간 전에는 공항에 도착한다. 3층 출국장으로 들어서면 가장 먼저 보안 검사를 진행한다. 짐 검사를 마친 후 항공사의 카운터로 이동한다.

Step 02 탑승 수속 및 수하물 위탁
항공사 카운터에 여권과 이티켓을 제시하고 수하물을 부친다.

Step 03 출국 심사
다시 한번 보안 검색대를 통과한 다음 출국 심사를 받는다. 여권과 탑승권을 제시하면 출국 심사 완료.

Step 04 비행기 탑승
탑승 시간 30~40분 전에 해당 게이트 앞에서 대기했다가 탑승한다.

07 | 인천국제공항으로 입국

Step 01 인천국제공항 도착 및 입국 심사
인천국제공항에 도착한 뒤 입국 심사대로 이동한다. 내국인 자동 입국 심사대에서 여권을 스캔한 후 손가락 지문, 얼굴 확인을 하면 통과된다.

Step 02 짐 찾기
입국 심사가 끝나면 수하물 수취대 번호를 전광판에서 확인하고 컨베이어 벨트로 가서 짐을 찾는다. 짐이 나오지 않거나 분실했을 경우 분실 수하물 카운터에 가서 문의한다.

Step 03 세관 검사
짐을 찾은 후 직원에게 기내에서 받은 여행자 휴대품 신고서를 제출한다. 가족이 함께 입국하는 경우 가족당 1장만 작성하면 된다. 신고 물품이 있는 여행자는 세관 신고서를 작성한 후 '신고 있음' 통로를 이용해 검사를 받는다.

Spa and Massage

지친 몸을 위한 선물,
스파와 마사지

아침부터 저녁까지 일정이 빡빡한 여행자들에게 스파와 마사지는
힐링의 시간을 선물한다. 발리에는 피로와 지친 근육을 시원하게 풀어줄
스파와 마사지 숍이 많다. 하지만 인기 있는 곳들은 홈페이지 또는
왓츠앱을 통해 사전에 예약하는 것이 좋다.

내게 맞는 마사지 종류는?

발리니스 마사지 Balinese Massage
손가락과 손바닥의 압력을 이용해 긴장한 근육을 이완시키는 발리 전통 마사지다. 마사지 스타일은 부드러운 편이며, 주로 오일을 사용하기 때문에 마사지를 받기 전에 샤워를 하고 방문하는 것이 좋다.

딥 티슈 마사지 Deep Tissue Massage
심층부의 근육은 물론 근육을 감싼 근막까지 이완시키는 마사지 기법으로, 뭉친 근육을 풀고 혈액 순환을 돕는다. 강도가 센 마사지를 원하는 사람들에게 추천한다.

타이 마사지 Thai Massage
스트레칭과 지압으로 이루어진 태국 건식 마사지. 오일을 사용하는 마사지를 꺼리는 사람에게 권한다.

스웨디시 마사지 Swedish Massage
스웨덴식 마사지로 강하게 압을 주어 풀기보다는 오일을 이용해 가볍고 부드럽게 끊김 없이 이어가는 것이 특징. 노폐물 제거와 몸의 순환에 효과적이다.

핫 스톤 마사지 Hot Stone Massage
따뜻하게 데운 돌을 이용해 온몸 구석구석을 지압하듯 마사지한다. 혈액 순환과 피로 회복에 도움을 준다.

기타
발리에서는 손, 발, 무릎 등 전신을 사용하는 일본 건식 마사지 '시아추 마사지(Shiachu Massage)', 서핑 후 뭉친 근육을 풀어주는 '서퍼 마사지(Surfer Massage)'도 경험할 수 있다.

추천 우붓 스파 & 마사지 숍

상호	추천/비용	주소/영업시간	홈페이지/인스타그램/왓츠앱/예약 방법
카르사 스파 Karsa Spa	딥 티슈(시그니처 마사지) 60분 260,000Rp, 90분 380,000Rp (택스 & 서비스 차지 15% 별도)	⦿ Jl. Markandya Jl. Bangkiang Sidem, Ubud 🕐 매일 09:00~19:00	✈ www.karsaspa.com 📞 +62 813-5339-2013 📱 홈페이지 또는 왓츠앱
푸트리 우붓 스파 2 Putri Ubud Spa 2	아로마테라피 마사지 90분 310,000Rp	⦿ Jl. Bisma No.97, Ubud 🕐 매일 09:00~21:00	✈ www.putriubudspa.com 📞 62 819-3622-4944 📱 홈페이지 또는 왓츠앱
푸트리 우붓 스파 3 Putri Ubud Spa 3	이그조틱 발리니스 마사지 90분 250,000Rp	⦿ Jl. Bisma, Ubud 🕐 매일 09:00~21:00	✈ www.putriubudspabisma.com 📞 +62 877-6183-2757 📱 홈페이지 또는 왓츠앱
예 풀루 스파 Yeh Pulu Spa	아로마테라피 마사지 60분 150,000Rp, 90분 210,000Rp	⦿ Jl. Suweta No.5, Ubud 🕐 매일 10:00~21:00	✈ www.yehpuluspa.com 📞 +62 821-4642-0682 📱 홈페이지 또는 왓츠앱
누사테라피 Nusa Therapy	발리니스 마사지 60분 220,000Rp, 발 마사지 60분 180,000Rp	⦿ Jl. Raya Ubud No.5, Ubud 🕐 매일 12:00~21:00	📷 nusatherapy_bali 📞 +62 823-4256-3923 📱 왓츠앱
젬바완 스파 Jembawan Spa	발리니스 마사지 60분 150,000Rp, 90분 210,000Rp	⦿ Jl. Jembawan No.29, Ubud 🕐 매일 10:00~21:00	📞 +62 831-1561-9404 📱 왓츠앱
티 글루 스파 T GLOW Spa	티 글루 시그니처 마사지 60분 135,000Rp, 90분 200,000Rp	⦿ Jl. Bisma No.45, Ubud 🕐 매일 09:00~21:00	✈ tglowspa.wixsite.com/bali- ubud-spa 📞 +62 811-3977-016 📱 왓츠앱
우붓 트래디셔널 스파 Ubud Traditional Spa	발리 트래디셔널 마사지 60분 135,000Rp, 90분 362,000Rp (택스 10% 별도)	⦿ Jl. Rsi Markandya I Payogan, Ubud 🕐 매일 10:00~22:00	✈ www.ubudtraditionalspa.com 📞 +62 877-6158-4407 📱 홈페이지 또는 왓츠앱
나타 스파 Nata Spa	발리니스 마사지 60분 100,000Rp, 90분 150,000Rp	⦿ Jl. Tirta Tawar No.13, Ubud 🕐 매일 07:30~22:00	📞 +62 818-0558-6462 📱 왓츠앱

추천 꾸따 스파 & 마사지 숍

상호	추천/비용	주소/영업시간	홈페이지/인스타그램/왓츠앱/예약 방법
리본 선셋 꾸따 발리 Reborn Sunset Kuta Bali	타이 나 테라피우틱 마사지 120분 225,000Rp 150분 275,000Rp	◉ Jl. Sunset Road A No.1, Kuta ◐ 매일 10:00~22:00	◉ rebornkutabali ◉ +62 855-3788-788 ◈ 왓츠앱
더 내추럴 스파 2 The Natural Spa 2	버진 코코넛 오일 마사지 60분 165,000Rp, 90분 235,000Rp	◉ Jl. Benesari No.77, Kuta ◐ 매일 09:00~23:00	◉ +62 819-1640-6046 ◈ 왓츠앱
보디 월십 웰니스 Body Worship Wellness	보디 월십 시그니처 마사지 60분 195,000Rp	◉ Jl. Raya Legian No.209, Legian ◐ 매일 09:00~21:00	◢ www.nubudbali.com/body-worship-spa ◉ bodyworshipspa ◉ +62 812-3813-1262 ◈ 왓츠앱
브하바 스파 Bhava Spa	로열 팰리스 세레모니 150분 980,000Rp (택스 & 서비스 차지 15.5% 별도)	◉ Jl. Kartika Plaza Gg. Puspa Ayu No.99, Kuta ◐ 매일 10:00~22:00	◢ www.bhavaspa.com ◉ +62 8954-1091-2768 ◈ 홈페이지 또는 왓츠앱
샤인 스파 포 쉐라톤 Shine Spa for Sheraton	샤인 마사지 50분 435,000Rp, 75분 520,000Rp (택스 & 서비스 차지 21% 별도)	◉ Jl. Pantai Kuta, Kuta ◐ 매일 10:00~22:00	◢ www.marriott.com/en-us/ hotels/dpsks-sheraton-bali- kuta-resort/experiences ◉ +62 811-3800-0396 ◈ 왓츠앱

추천 스미냑 스파 & 마사지 숍

상호	추천/비용	주소/영업시간	홈페이지/인스타그램/왓츠앱/예약 방법
푸트리 우붓 스파 스미냑 Putri Ubud Spa Seminyak	발리니스 마사지 60분 165,000Rp, 90분 245,000Rp	◉ Jl. Kayu Jati No.5, Seminyak ◐ 매일 09:00~21:00	◢ www.putriubdspa-seminyak.com ◉ +62 878-0545-9776 ◈ 홈페이지 또는 왓츠앱
자리 메나리 Jari Menari	시그니처 마사지 75분 526,000Rp (택스 10% 별도)	◉ Jl. Raya Basangkasa No.47, Seminyak ◐ 매일 09:00~19:00	◢ www.jarimenari.com ◉ +62 811-3811-4411 ◈ 홈페이지 또는 왓츠앱
프렌스파 FranceSpa	트래디셔널 발리니스 마사지 60분 170,000Rp, 90분 220,000Rp	◉ Jl. Drupadi Gg. Kenari No.4, Seminyak ◐ 매일 09:00~22:00	◉ francespaseminyak ◉ +62 822-3658-9289/+62 813- 2343-1168 ◈ 왓츠앱
키 아시아추 Ki Ashiatsu	마사지 60분 185,000Rp, 90분 265,000Rp, 120분 365,000Rp	◉ Jl. Sunset Road No.151, Seminyak ◐ 매일 10:00~22:00	◉ ki.ashiatsu ◉ +62 817-800-554 ◈ 왓츠앱
더 케어 데이 스파 The Care Day Spa	딥 티슈 마사지 90분 520,000Rp, 120분 680,000Rp	◉ Jl. Raya Kerobokan No.112, Seminyak ◐ 매일 11:00~21:00	◢ www.thecaredayspa.com ◉ +62 812-4612-0790 ◈ 왓츠앱 또는 카카오톡 thecarespabali

추천 짱구 스파 & 마사지 숍

상호	추천/비용	주소/영업시간	홈페이지/인스타그램/왓츠앱/예약 방법
테라피 데이 스파 **Therapy Day Spa**	더 힐링 액트 60분 360,000Rp, 더 패널 비트 60분 460,000Rp	📍 Jl. Pantai Pererenan No.99, Canggu 🕐 매일 09:00~20:00	✈ www.therapy.co.id 📞 +62 822-4724-2233 📱 왓츠앱
이스페이스 스파 **Espace Spa**	트래디셔널 오리엔탈 마사지 60분 292,000Rp, 90분 380,000Rp (택스 15% 별도)	📍 Jl. Batu Mejan, Canggu 🕐 매일 10:00~21:00	✈ www.espacespabali.com 📞 +62 811-3890-422 📱 홈페이지 또는 왓츠앱
로투스 마사지 테라피 짱구 **Lotus Massage** **Therapy Canggu**	발리니스 마사지 (릴랙싱/딥 티슈) 60분 190,000Rp	📍 Jl. Pantai Batu Bolong No.13, Canggu 🕐 매일 09:00~22:00	📞 +62 819-9974-8221 📱 왓츠앱
로투스 마사지 에코 **Lotus Massage Echo**	딥 티슈 마사지 60분 220,000Rp	📍 Jl. Batu Mejan No.69. Canggu 🕐 매일 09:00~23:00	📞 +62 831-1209-7031 📱 왓츠앱

추천 울루와뚜 스파 & 마사지 숍

상호	추천/비용	주소/영업시간	홈페이지/인스타그램/왓츠앱/예약 방법
더 그레이 스파 발리 **The Grey Spa Bali**	발리니스 마사지 60분 200,000Rp, 90분 280,000Rp	📍 Jl. Labuansait, Pecatu 🕐 매일 10:00~21:00	📷 thegreyspabali 📞 +62 812-3802-6925 📱 왓츠앱
유스파 울루와뚜 **Uspa Uluwatu**	발리니스 마사지 60분 190,000Rp, 90분 270,000Rp	📍 Jl. Labuansait No.157, Pecatu 🕐 매일 10:00~21:00	📷 uspa.bali 📞 +62 812-3859-0969 📱 왓츠앱
라니아케아 스파 발리 **Laniakea Spa Bali**	발리니스 풀 보디 마사지 트래디셔널 딥 티슈 60분 220,000Rp, 90분 290,000Rp	📍 Jl. Labuansait, Pecatu 🕐 매일 10:00~22:00	✈ www.laniakeaspabali.com 📞 +62 878-6149-2008 📱 홈페이지 또는 왓츠앱
아워스파 울루와뚜 **OurSpa Uluwatu**	아워스 시그니처 마사지 60분 225,000Rp, 90분 265,000Rp (택스 & 서비스 차지 20% 별도, 카드 결제 시 2% 추가)	📍 Jl. Labuansait, Pecatu 🕐 매일 09:00~21:00	✈ www.oursbali.com/spa 📞 +62 813-5354-2803 📱 왓츠앱
카리나 마사지 **Carina Massage**	보디 마사지 60분 190,000Rp, 90분 285,000Rp	📍 Jl. Labuansait Kabupaten No.10, Pecatu 🕐 매일 08:00~23:00	📷 carina.massage 📞 +62 821-4723-2799 📱 왓츠앱

추천 사누르 스파 & 마사지 숍

상호	추천/비용	주소/영업시간	홈페이지/인스타그램/왓츠앱/예약 방법
코아 살라 스파 **Koa Shala Spa**	아우라 하모니 90분 370,000Rp	📍Jl. Danau Tamblingan No.77A, Sanur 🕐 매일 09:00~21:00	✈ www.koashala.com 📞 +62 823-5905-3384 📱 왓츠앱
굿 마사지 **Good Massage**	발리 트래디셔널 마사지 60분 170,000Rp, 120분 330,000Rp	📍Jl. Danau Toba No.22, Sanur 🕐 매일 10:00~23:00	✈ www.spabaligoodmassage.com 📞 +62 812-386-9922 📱 왓츠앱
더 네스트 **비치사이드 스파** **The Nest Beachside Spa**	딥 티슈 마사지 60분 240,000Rp, 90분 335,000Rp	📍Jl. Setapak, Sanur 🕐 매일 09:00~20:00	✈ www.thenestbeachsidespa.com 📞 +62 811-3888-1333 📱 홈페이지 또는 왓츠앱
코아 부티크 스파 **Koa Boutique Spa**	스페셜리티 마사지 60분 220,000Rp, 90분 300,000Rp	📍Jl. Danau Tamblingan No.63, Sanur 🕐 매일 09:00~21:00	📞 +62 851-0343-3385 📱 왓츠앱
유알 스파 **UR spa**	딥 티슈 마사지 60분 250,000Rp, 90분 350,000Rp (카드 결제 시 10% 추가)	📍Jl. Danau Tamblingan No.121, Sanur 🕐 매일 09:00~23:00	📷 urspa_bali 📞 +62 813-3734-4818 📱 왓츠앱

추천 누사두아 스파 & 마사지 숍

상호	추천/비용	주소/영업시간	홈페이지/인스타그램/왓츠앱/예약 방법
자하라 스파 **Zahra Spa**	발리니스 마사지 60분 300,000Rp, 90분 425,000Rp	📍Jl. Nusa Dua, Benoa 🕐 매일 09:00~23:00	✈ www.zahraspa.com 📞 +62 813-3712-7040 📱 홈페이지 또는 왓츠앱
누사 발리 스파 **Nusa Bali Spa**	웜 스톤 마사지 90분 560,000Rp (택스 15% 별도)	📍Jl. Pratama No.35A, Benoa 🕐 매일 09:00~22:00	✈ www.nusabalispa.com 📞 +62 819-9926-5701 📱 홈페이지 또는 왓츠앱
로즈힐 스파 **Rosehill Spa**	로즈힐 시그니처 마사지 60분 490,000Rp, 90분 640,000Rp	📍Jl. Raya Nusa Dua Selatan Jl. Nusa Dua, Benoa 🕐 매일 09:30~23:00	✈ www.rosehillspa.com 📞 +62 813-3766-4301, 영어 +62 822-3744-2111 📱 왓츠앱(한국어) 또는 카카오톡 rosehillspa
헤븐리 스파 바이 웨스틴 **Heavenly Spa by Westin**	헤븐리 스파 시그니처 마사지 60분 1,300,000Rp, 90분 1,500,000Rp (택스&서비스차지 26.5% 별도)	📍Kawasan Pariwisata Nusa Dua Lot N-3, Benoa 🕐 매일 10:00~22:00	✈ www.heavenlyspabali.com 📞 +62 811-3885-683 📱 왓츠앱
크리아 스파 **Kriya Spa**	발리니스 마사지 60분 1,150,000Rp (택스&서비스차지 26.5% 별도)	📍Kawasan Wisata Nusa Dua BTDC, Jl. Nusa Dua, Benoa 🕐 매일 09:00~21:00	✈ www.hyatt.com/en-US/spas/Kriya-Spa/home 📞 +62 811-3960-6610 📱 왓츠앱

Index
색인

Index
색인

Index
색인

Index
색인